郑红教你织
亲子装&围巾帽子
私の手編みファッションセーター

「郑红 主编　张翠 审编」

辽宁科学技术出版社

·沈阳·

摄 影 师：魏玉明

模　　特：丁　丁　缪　琳　魏梓静

图书在版编目（CIP）数据

郑红教你织亲子装&围巾帽子/郑红主编.--沈阳：辽宁科
学技术出版社，2011.10
　　ISBN 978－7－5381－7145－7

　　Ⅰ.①郑… Ⅱ.①郑… Ⅲ.①毛衣 — 编织 — 图集②围巾 — 绒
线 — 编织 — 图集③帽 — 绒线 — 编织 — 图集 Ⅳ.
①TS941.763—64

中国版本图书馆CIP数据核字（2011）第189929号

出版发行：辽宁科学技术出版社
　　　　　　（地址：沈阳市和平区十一纬路29号 邮编：110003）
印 刷 者：深圳市鹰达印刷包装有限公司
经 销 者：各地新华书店
幅面尺寸：210mm×285mm
印　　张：9
字　　数：200千字
印　　数：1~13000
出版时间：2011年10月第1版
印刷时间：2011年10月第1次印刷
责任编辑：赵敏超
封面设计：张　翠
版式设计：张　翠
责任校对：潘莉秋

书　　号：ISBN 978－7－5381－7145－7
定　　价：39.80元

联系电话：024－23284367
邮购热线：024－23284502
E-mail：473074036@qq.com
http://www.lnkj.com.cn
本书网址：www.lnkj.cn/uri.sh/7145
敬告读者：
本书采用兆信电码电话防伪系统，书后贴有防伪标签，全国统一防伪查询电
话16840315或8008907799（辽宁省内）

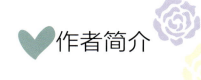

郑红

（曾出版图书《手编韩式棒针衫》
《7天即可织成的宝宝装》《送给宝
宝的手编毛衣4~8岁》等畅销编织图
书。）

浙江人，现居深圳。因为母亲喜欢手工，郑红自幼在母
亲的熏陶下开始学习编织，至今已有几十年。她从骨子里
热爱编织。

郑红于2003年开始经营"时尚巧手"毛线吧。该毛线吧的
经营特色是给每一位顾客提供免费的教织服务。该毛线吧
的经营理念是帮助广大的编织爱好者编织出漂亮的、时尚
的、现代版的毛衣，改变年轻人对手编毛衣的看法（一般
人认为手编毛衣比较俗气，没有时代感）。

本书中所有的毛衣款式都是郑红亲自设计、亲自编织
的，可以说，它们是郑红这几年来心血的累积。现在将这
些毛衣样式收集成书，让广大爱好者一起分享、一起学
习。

"时尚巧手"毛线吧诚邀加盟
网址：http://shop34867064.taobao.com/
地址：深圳市永兴大厦一楼25号铺

目录 CONTENTS

目录 CONTENTS

編織方法 P81

Latest Fashion Design

红色双排扣大衣

艳丽的大红色，仿佛如火的热情，衣身的扭花纹交错纵横，极富质感。双排扣的设计，端庄大方，随意地扣在里面一排也不错，个性洒脱。

娇艳女孩对襟毛衣

可爱的小女孩显然更适合大红色的衣服，鲜艳的颜色映衬专属小孩的白嫩脸庞，显得更加娇艳，人见人爱。

编织方法
P82

衣摆花样的编织方法

1 起好针，换颜色，织一行上下针。

2 再织一整行下针。

3 再织一行下针。

4 从反针的结里穿针。

5 将这个结拉长。

6 绕线，仍然从那个结里穿出。

7 正常织一针下针。一朵小花完成。

8 重复步骤4~7，织够七朵小花（斜着向上数，一个小结算一朵）。

9 反面开始织四行反针，一行下针，不加针，保持针数相同。

10 重复步骤4~7，完成。

♥ 扣襻的做法

1 用一根普通毛线折三次，搓成线绳，对折，打个结，线环大小以扣子能通过为准。

2 在线环后面再打一个结。

3 在毛衣扣眼处扎一个小孔，将扣眼尾端一根线塞进去。隔几行再扎一个小口，将另外一根线塞进去，再把连在一起的一端剪开，使尾端呈四条散开的线绳。

4 将背面的线绳散开，上下对应的两根毛线分别打死结固定。

5 在背后将线头拧成一股，用线缝合固定，剪掉多余线头。

6 将线穿到前面，前面也用线固定，剪掉后面多余的线。

7 扣襻完成。

♥ 绒球的做法

1 将线缠绕在左手四指上，根据所需绒球大小决定缠绕圈数，想要绒球大些，就多缠几圈。

2 缠够所需圈数后，将尾端剪断，取下，另取一根线，从中间系紧，打死结。

3 将两端剪开。

4 将散开的部分拢在一起，修剪成圆形即可。

5 将绒球尾端的两条线用针分别穿进帽顶背面，打死结，剪掉线头。

6 完成。

编织方法
P83

Latest Fashion Design

淡雅中袖外衣

小孩装纯白色的衣服给人的感觉干净淡雅，配上大方简约的款式，更显轻盈明快。

编织方法
P84

Latest Fashion Design

大气长外套

墨绿色厚重而典雅，穿起来显得极有内涵，连襟的宽领随意散开，彰显卓越气质。宽阔的双排扣极具个性，使这款衣服立刻脱颖而出，成为众人瞩目的焦点。

编织方法
P84~86

优雅双排扣大衣

大人的衣服是宝蓝色的，时尚典雅，衣
身鱼鳞状的花纹整齐排下，自由灵动，个性
的翻领也彰显与众不同。

端庄双排扣外套

小孩子的衣服是咖啡色的，款式相同而花样略有不同，侧边的扭花纹大气修身，下摆的波纹也极富动感。

编织方法
P86~88

编织方法
P88~90

Latest Fashion Design

秀雅小套裙

看似简约的款式，淡雅的颜色，却拥有非凡的气质，动静之间，魅力无穷。

编织方法
P90~91

Latest Fashion Design

淡雅开衫

低领开衫的款式，精致而富有创意的花样，
都给人与众不同的感觉，小孩子再搭配一条
短裙，更显气质非凡。

身片花样的织法

1 正面四针上四针下，反面按照原有针法织，重复两次，共四行。

2 第五行开始织花样。正面，第一针挑下不织，再织一针平针。

3 在这四针上针的中间线位置，从上往下数第三个孔处，穿针，织平针，拉出。

4 再织三针平针。

5 在步骤3穿针的位置再织一针出来。

6 一个花型完成。

7 四针下针正常织过去。重复步骤2~7织完本行。

8 反面，织四针反针，第五针和第六针两针一起织过去。

9 单独织两针反针，再两针一起织。

10 继续单独织反针，织到花型处，两针一起织。

11 正常织两针反针，再两针一起织。余下一针，收尾。

12 再织两行平针。完成一排花型。重复步骤2~11，织够所需花型个数即可。

♥ 锯齿衣边的织法

1 起三针。第一针从左针第一针后面穿过，绕线织出。

2 将右针的线环套在左针上。重复步骤1~2，起够三针。

3 开始收针。织两针平针。

4 左针将右针前一针挑出放掉，即收了一针。用同样方法再收一针。

5 收第三针时，两针一起织。

6 按照步骤4的方法再收掉一针。

7 每织两针收掉一针，再收四针，将右棒针上剩余的一针挂在左针上。

8 一个锯齿完成。重复步骤1~7，织够所需锯齿个数即完成锯齿边。

♥ 下蝴蝶花的编织

1 第一行，正面，先随便织几针反针，再平挑五针不织，第六针开始编织反针，完成本行。反面织一行反针。

2 重复步骤1，三次。开始织花样。

3 正面，正常编织到五针挑针的位置。

4 这五针的前两针正常编织，第三针时，先从横搭的三根线下面穿过，再织出来。第四针和第五针正常织。

5 正常织完本行，反面再织一行反针。蝴蝶花完成。

编织方法
P91~92

休闲对襟外套 *Latest Fashion Design*

大人的外套是天蓝色的，清新纯净，衣襟的牛角扣时尚个性，呈菱形交错的小豆豆则显得活泼灵动。

温馨小开衫

Latest Fashion Design

编织方法
P92~93

淡紫色的小孩装给人温馨雅
致的感觉，圆润的翻领和无
纽扣的开襟设计，则充满时
尚感。

向阳花大披肩

编织方法
P95~96

妈妈的衣服是件漂亮的披肩，规则的五边形极富质感，大大的花朵朝着阳光，给人乐观向上的感觉，下摆的流苏个性十足，顿显时尚典雅。

编织方法
P93~94

Latest Fashion Design

阳光长袖衫

小孩子的衣服由整齐的镂空组成，衣襟的扭花纹仿佛纽扣一般，给平实的衣服带来凹凸的质感，喇叭花状的袖口也是十分可爱，宝贝一定喜欢。

清新大外套

编织方法
P97~98

长款对襟的样式，大气简约，大人
衣襟上的竖纹设计使衣服线条看起
来更加流畅，保持整件衣服和谐的
美感。

秀雅小外套

大人和小孩子的衣服都缀有白色的绒边，雅致而温暖，小孩子的衣袖上一圈圈的绒边更显可爱，仿佛小精灵一般。

编织方法
P96~97

23

编织方法
P98~99

Latest Fashion Design

时尚圆摆开衫

冷色调往往更能给人时尚的感觉，圆摆的衣裾和流畅而个性的花纹则更增潮流动感。

编织方法
P99~101

Latest Fashion Design

甜美圆摆开衫

小孩的衣服与大人的衣服款式相同，只是颜色不同，雅致的淡粉色更适合
甜美可爱的宝贝。

帽顶的拼接方法

1 织总针数的一半，但要留三针，用来收针。

2 第一针挑下来，织第二针。

3 用左针将未织的第一针挑出放掉。第三针织出来。换反面，织一行反针。

4 重复步骤2~3，三次，每次在正面收一针，反面正常织反针，共收了三针。

5 换到反面，平挑三针不织，其余继续织反针。

6 正面，正常织到反面未织的三针处，同样不织。

7 重复步骤5~6，三次，反面共留了九针。

8 按照步骤2~7，用相同方法，朝相反方向编织左半边。

9 左边织好后，将织片正面相对对折，在反面用针，两针合成一针织平针。

10 每织两针，都挑出前一针收掉。

11 织至缺口处时，同样两针合一针织出，用步骤10的方法收针。

12 织至反面挑针留下的线圈位置时，两针合成一针，再把线圈套在针上，一起织出来，同样也将前一针收掉。

 ## 下摆豆豆和树叶的织法

13 织完整行，帽顶的拼接完成。

1 第一行全织上针。注意：第一行的第一针是要编织的。

2 第二行仍然织上针，但是第一针就不用编织了。第三行同样织正针，其中第一针不织。

3 第四行，先织五针反针。其中第一针挑下不织，但是也算一针。

4 第六针以下针的方式织出，线环拉长一倍。

5 将线绕上右棒针。在同一针圈中重复步骤4~5，四次。然后把左针放掉。

6 反面，将这五针还原成一针，绕线织出。

7 左针退出。回到正面。

8 将线绕上右针，用左针从右针最后一个针圈的后面将这一针挑到左针上。

9 将线从右针上放下，将左针上两针挑到右针上，拉紧。一个豆豆完成。重复步骤3~9，织够所需个数。

10 沿着织豆豆的方向，再织三行反针。第四行时，开始织叶子。第一针挑下不织，第二针织反针。

11 第三针就是纸叶子的中间针。从前面绕线，加上一针。

12 织一针平针。

13 从后面绕线也加一针。

14 绕线，织五针反针。重复步骤11~14，织满整行。

15 反面，正常织至加针处，加的针要织反针。织完本行。重复步骤11~15，共四次，逐渐加针。

16 第一针挑下不织，第二针织反针。第三针和第四针作为一针，织出来。余下正常织平针，留两针不织。

17 倒数第二针挑出不织，只织最后一针。

18 用左针将未织的倒数第二针挑出放掉。重复步骤16~18，共三次，将9针减为3针。

19 将前两针一起挑下不织，把第三针织出来。

20 用左针将右针上未织的两针挑出放掉，9针即减为1针。重复19、20，织完本行。

21 再织一行反面，回到正面。第一针挑下不织，第二针织上针，再用左针将未知的一针挑出放掉。

22 将线放下，织一针下针。

23 此时右棒针已有两针，用左针将前一针挑出放掉。重复以上步骤，最后余下一针，完成。

简约短袖衫

编织方法
P101~102

简约的短袖衫，穿起来轻便舒适，连帽V领周围密布小巧的豆豆，精致而时尚。胸前的大口袋是这款衣服最大的特色，把手随意往里一放，休闲风十足。

青翠短袖衫 *Latest Fashion Design*

编织方法
P102~103

小孩的衣服领口开得相对低些，衣服的针法也略有不同，密布的点状花纹极富动感，恰如孩子活泼好动的天性。

帽子的编织方法

1 帽顶收针，按照原本的花样织，留取起针数的一半。

2 织正面，第一针挑下不织。

3 右棒针同时穿过第二、第三针，一起织平针，即收掉一针。余下的针数照常织平针，不收针，织完这行。

4 正常织反面。最后三针留下不织。转过去正常织正面。

5 再织反面，除去上次留取不织的三针，再留三针不织。

6 重复步骤4~5，共留9针不织。

7 织另一边帽子。织反面，起织行数与上一边相同。因为针上没有线，所以第一针要编织。正常织完这行。

8 正面。第一针挑下不织，其余照常织下去。

9 正面最后留三针，其中第一针挑下不织。

10 第二针照常织，织完再用左棒针将这个针圈挑出放掉，即收了一针。第三针照常织。

11 反面。挑出三针不织。

12 第四针起正常编织。织完这行。

13 正面正常织，反面之前留下的三针不管，不织。换反面，首先挑出三针不织，此时，已有6针不织。正面仍然正常织。

14 反面，首先挑下三针不织，此时已有九针。

15 完成。

💚 帽顶的缝合

1 织片正面相对叠在一起，即在反面用针。第一针同时从两个针圈穿过，绕线，织平针。

2 当右针上有两针时，用左针挑去前一个针圈，放掉。

3 相同的方法织到留取九针未织的地方。从缺口处挑最近的两针出来（即叠起的两针）。

4 将这两针织出来，再用左棒针钩出放掉。右针又剩一针。

5 背后有一条线，先用右棒针穿过左针的前两个针圈，再将背后的线顺势挂在右针上，一起挂线编织，然后放掉，右针依旧是一针。重复步骤1~5，直到完成。

6 最后右棒针仍余下一针，将线绳扯断，挂在右针上织出即可。

7 将织片翻过来，完成。

💚 口袋的织法

1 原衣服前片底边共92针，口袋两侧各留18针。此处示范，共起34针，两侧各留7针。

2 第一针挑下不织。

3 接下来织7针平针。

4 再绕线，织20针反针。

5 最后再织7针平针。

6 最后1针需要编织。

7 反面全织反针，其中第一针挑下不织，最后一针需要编织。

8 一行反针完成。

9 再织一行平针。

10 一行平针完成，从全反针的这一行开始挑针。注意：反针行有两行线套，全挑上面一行或全挑下面一行，不能上下混挑。

11 从第一个线套穿进去，在棒针上绕线，再将线仍从同一个线套中带出来。

12 继续挑第二针，一直把整行挑满。

13 34针部分和20针部分分别继续编织到相同的高度。

 ## 口袋两侧的连接

1 用第三根棒针将右边多余的7针继续织平针，第一针依旧挑下不织。

2 将第三根棒针从前两根棒针的第一个针圈中同时穿过，绕线，织满20针平针。

3 余下7针正常织平针。

4 连接完成。继续往上织足够长，即可成为口袋。

片与片的拼接

1 两块织片叠放对齐，将棒针从两个辫子针中穿过，绕线，织正针。重复。

2 每当棒针上有两针时，就再拿一根针，将第一个针圈钩出放掉，留下第二针。重复步骤1、2的编织，直到完成。

♥ 袖窿的减针方法

1 织片左右两边需要各收2针。

2 第一针挑下不织。

3 第二针织平针。

4 把第3~5针平挑到右边棒针上。

5 用左边的棒针从后面将已挑出的第4针挑回到左边棒针上。

6 右棒针将挑出的第4、第5针放掉。再将已放掉的第5针重新挂在右棒针上。

7 将第4、第5针重新挂在左棒针上。

8 用右棒针将左棒针上的两针一起织平针，织两次，即收掉两针。

9 收掉两针后的样子。

10 接着织正针，余下6针不织。

11 将左边的3针挑到右棒针上。

12 左针从右针的倒数第二针前面穿过，挑出。

13 右针顺势放掉两针，其中第二针落在左针上，随后右针重新挂上第一针。

14 将右棒针上剩余挑针重新还给左棒针。

15 从左棒针挑一针下来。

16 第二针由两针组成，将下面一针挑出，织平针。

17 用左针将右针第二个针圈原样挑出放掉，第一针不变，即收了一针。重复一次，共收两针。

18 余下两针织正针。

19 收针完成。

编织方法
P103~104

双排扣的款式，淡雅的颜色，个性的立领，满是优雅之气。整件衣服设计简约，腰间的系带更增时尚感。

可爱连身裙 *Latest Fashion Design*

小孩子的衣服采用咖啡色，更耐脏一些，五彩的星星扣子灵动
可爱，衣摆鲜艳的小花也是宝贝的最爱。

编织方法
P105~106

Latest Fashion Design

雅致燕尾衫

浅灰的颜色秀美淡雅，类似燕尾服的设计
精巧，大气修身，举手投足间带着一种时
尚优雅的味道。

编织方法
P106~107

编织方法
P107~108

文静女孩套装

小孩子的套裙很漂亮，明快的线条使衣服显得精致不俗，衣摆的流苏时尚跃动，再加上白色蝴蝶扣子更增可爱味道。

Latest Fashion Design

休闲小马甲

细密整齐的针法看起来很厚实，休闲的款式穿起来轻松舒适，
衣服上的五星图案则显得活泼一点，不会过于呆板。

编织方法
P108~109

编织方法
P110~111

帅气小马甲

Latest Fashion Design

小孩子的衣服采用斜对称的横纹设计，
突出潇洒不羁的感觉，左边的英文字
母，则更显休闲帅气。

编织方法
P111~112

Latest Fashion Design

休闲小外套

灰色低调而大气，连帽对襟的款式休闲风十足，衣身遍布蜿蜒的纹路，
如水般灵动。

可爱斑点无袖袋

编织方法
P112~113

Latest Fashion Design

无袖的款式自然大方，帽顶和衣摆处呈
三角形排列的黄色斑点给安静的黑色增
加了些许跃动的感觉。

♥ 后片花样的织法

1 起针完成后，先织两行反针，其中每行第一针都挑下不织。

2 第三行，第一针挑下不织，第二针和第三针分别织反针。

3 加入配色线，在右针上绕三圈，反针织出。重复本步骤五次，织够五针。

4 换蓝色线，正常织五针反针。重复步骤3、4，织完本行。

5 换正面，匹配相同颜色织下针。第一针挑下不织。

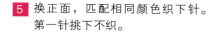

6 将左针上的五针放出，穿上右针。

7 再用左针将这五个线环挑起，成了一个大线环。

8 右针绕白线，从这个线环里织出五针。

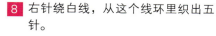

9 换蓝色线，织五针平针。

10 重复步骤6~9，织完本行。

11 换反面，用蓝色线织四行反针。其中第一行遇到横拉的长线时，将线套在针上一起织过去。

12 连织三针反针，再将另一条未搭过的横线搭在针上一起织过去。

13 第五行，反面，织反针。

14 织到两朵花中间的五针时，换白线，这五针的每一针都先用线在右针上绕三圈，再织出。余下换蓝线正常织反针织完本行。

15 正面，第六行。蓝线部分正常织，白线部分重复步骤6~8。余下用蓝线正常织平针，织完本行。

16 三朵交错花型完成。重复步骤2~15一直往上织，织够所需花型个数即可。

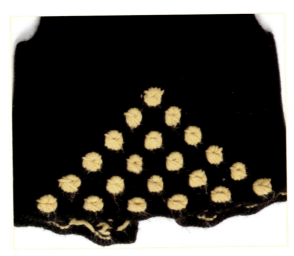

Latest Fashion Design

休闲长袖外套

这是一款男装外套，女性穿起来也非常休闲，简单的立领舒适方便，手随意往衣兜里一插，潇洒帅气的感觉自然流露。

编织方法 P113~115

个性两件套

编织方法
P115~117

扭花纹编成的裙带新颖独特，无袖的坎肩精致小巧，背面叶纹也非常别致，这样一套搭配，漂亮而个性。

Latest Fashion Design

柔美小马甲

妈妈粉色的马甲轻松休闲，镂空的设计则显得
格外精巧别致，连帽的款式更增几分随意质
感。

编织方法
P117~118

编织方法
P118~120

Latest Fashion Design

甜美小套裙

小孩子的是无袖小套裙，大气典雅，穿上很有童星的风范，衣摆的波
纹个性灵动，背后大大的蝴蝶结也非常漂亮。

♥ 蝴蝶结加针的方法

1 从平针下面一行挑一针出来。

2 将挑出这一针放到左边的棒针上。

3 再把这一针织出来。

4 这样就多了一针。重复步骤1~3，每针都这样织，织完本行，即把20针加为了40针。

♥ 蝴蝶结减针的方法

 每两针作一针一起织，织完整行，即把20针减为40针了。

♥ 蝴蝶结的安装方法

1 将蝴蝶结中间部分折起，再用缝针将这些褶皱细致缝合。

2 缝合完成。还可以在中间缝合处缝上一枚扣子作为装饰。

♥ 狗牙边的织法

1 第一针正常织。

2 第二针开始两针一起织。

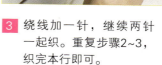

3 绕线加一针，继续两针一起织。重复步骤2~3，织完本行即可。

编织方法
P118~120

Latest Fashion Design

甜美小套裙

小孩子的是无袖小套裙，大气典雅，穿上很有童星的风范，衣摆的波纹个性灵动，背后大大的蝴蝶结也非常漂亮。

蝴蝶结加针的方法

1 从平针下面一行挑一针出来。

2 将挑出这一针放到左边的棒针上。

3 再把这一针织出来。

4 这样就多了一针。重复步骤1~3，每针都这样织，织完本行，即把20针加为了40针。

 蝴蝶结减针的方法

 每两针作一针一起织，织完整行，即把20针减为40针了。

 蝴蝶结的安装方法

 **1** 将蝴蝶结中间部分折起，再用缝针将这些褶皱细致缝合。

 **2** 缝合完成。还可以在中间缝合处缝上一枚扣子作为装饰。

 狗牙边的织法

2 第二针开始两针一起织。

1 第一针正常织。

3 绕线加一针，继续两针一起织。重复步骤2~3，织完本行即可。

个性镂空帽

镂空的帽子戴着清凉舒适，既起到很好的装饰效果，又不至于太过闷热。收束的竖纹帽边贴合头部，简约大方。

编织方法
P121

49

咖啡色端庄圆帽 *Latest Fashion Design*

编织方法
P122

咖啡色的帽子端庄大方，帽顶扭花纹流畅明晰，竖纹的帽边收束紧致，简约不拖沓。

温暖扭花帽

暗红色显得成熟稳重，不分年龄层，都可以尝试，而扭花纹和竖纹相间的设计明快自然，温暖大方。

编织方法
P123

清雅两件套

编织方法
P124

乳白色的围巾帽子，看起来清新
雅致，整齐的网格简洁大方，给
人清爽自然的感觉。

♥ 白围巾的排花

1 第一针挑下不织，织一针平针。

2 绕线加一针，然后三针一起织。

3 绕线加一针，织一针。重复步骤 2~3，织完本行，最后两针边缘针正常织过去。反面一行反针。一行两个花样完成，根据需要一排可多织几个花样，然后一直往上织，织够所需长度即可。

♥ 黑围巾方块织法

1 第一针挑下不织。绕线，做织上针的准备，但不织，挑过去。绕线织下针。重复步骤四次。余下的织下针，织完本行。

2 反面，反针织过去。遇到加针的地方，两针一起织过去。

3 线绕上来，织一针上针。

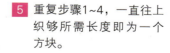

4 线放下去，两针一起织下针。重复步骤3~4，织完本行。最后两针边缘针正常织过去。

5 重复步骤1~4，一直往上织够所需长度即为一个方块。

编织方法
P125

Latest Fashion Design

黑色大气围巾

一色的纯黑冷酷大气，显得气质不俗，格子
状的交叉设计，简约而时尚，不论年纪大
小，都很适合。

灰色典雅小帽

Latest Fashion Design

灰色低调而典雅，S形的花纹盘旋围绕，轻盈灵动，帽顶的大绒球一摇一晃，显得个性十足。

编织方法
P125

由红色系配色线织成的围巾，端庄娴雅，围巾随意地往脖子上一扎，更显青春靓丽。

编织方法
P126

Latest Fashion Design

娴雅配色围巾

编织方法
P127

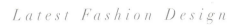

Latest Fashion Design

俏丽女孩围巾

粉嫩的颜色娇美可爱，两端硕大
的绒球显得活泼俏皮，彰显青春
年华的灵秀多姿。

清雅白色小帽

纯白色的包头小帽清雅宜人，细小的镂空极尽精巧，帽边钩织细密的波纹上缀着的图案犹如一只只漂亮的蝴蝶，轻盈灵动。

编织方法
P127

文静女孩帽

素雅的白色，还带有毛绒绒的感觉，精致的网格镂空给人安静
踏实的感觉，毛边的立体花样则增加了青春时尚的味道。

编织方法
P128

秀美两件套

编织方法
P128~129

粉色的围巾帽子显得人青春靓丽，皮肤更加白皙，水纹状的花样精致而富有美感，长长的流苏也更显时尚典雅。

编织方法
P130

成熟两件套 *Latest Fashion Design*

咖啡色毛线织成的围巾和帽子看起来成熟稳重，横竖条纹相间的设计，又显得典雅大方，韵味十足。

编织方法
P131

清爽配色
围巾
Latest Fashion Design

蓝白相间的配色线清爽自然，而平实的针法和简单的流苏又透着轻松休闲的味道。

秀气女生帽

Latest Fashion Design

编织方法
P131

淡雅的白色给人文静恬适的感
觉，帽边长长的竖纹流畅自然，
帽身格状交错的花样则显得随意
大方。

红色可爱小帽

鲜艳的红色充满活力，衬得肤色也愈发白皙，简单的花样层次感很强，适合所有年龄段的人戴。

编织方法
P132

温暖大围巾

咖啡色看起来就很温暖，围巾又采用粗线编织，更觉厚实，紧
凑的花样则显得极有质感，同时使整个围巾简约不拖沓。

编织方法
P132

编织方法
P133

Latest Fashion Design

灰色简约包头帽

低调的灰色简约而大气，简单的线条也更加轻松自然，微卷的帽边更显休闲风十足。

水纹小圆帽 *Latest Fashion Design*

编织方法
P134~135

帽身的花纹如水纹般轻轻流动，带来清新自然的气息，下部每个菱形图案中间都缀有一个铜钱状
的扣子，新颖独特。

淡雅紫色围巾
Latest Fashion Design

淡紫色清新淡雅，充满青春时尚的气息，节状
的竖纹简洁不拖沓，柔顺的流苏则给人慵懒可
爱的感觉。

大方蓝色围巾
Latest Fashion Design

编织方法
P135

深蓝色的围巾显得大气而恬静，网状花纹简约大方，
没有过多的花哨，男生戴着也不错。

沉静尖顶帽

编织方法
P136

白色雅致圆帽

牙白色的帽子干净素雅，三道横纹围成的帽边贴合头部，简洁舒适，帽身交错的格纹富于变化，清新跃动。

暗红色给人端庄沉静的感觉，宽阔的帽边简洁利落，尖尖的帽顶小巧可爱。显出青春的个性和不羁。

编织方法
P137

编织方法
P138

艳丽的玫红色，使原本白皙的肤色更显娇嫩，麻花似的帽辫带有几分卡通的感觉，俏皮可爱。

编织方法
P139

纯净素雅的颜色，围巾采用排列有致的网格钩出小女生的温和甜美，帽子波浪状的横纹则更显青春动感。

编织方法
P140

Latest Fashion Design

可爱条纹帽

橘黄色的帽子温馨甜美，粗细不一的横纹层次分明，前额的帽边
轻轻翻起，自然带有一种清纯味道。

编织方法
P141

Latest Fashion Design
柔美大围巾

长长的拧花交错组成的大围巾，柔顺流畅，且极富质感，稻穗般的流苏更
添飘逸的美感。

幽蓝珍珠围巾 *Latest Fashion Design*

编织方法
P141

蓝色系的配色小球犹如一颗颗珍珠，深埋于幽蓝的海水中，冷傲地散发着迷人的光彩。

编织方法
P142

Latest Fashion Design

个性几何帽

帽子由许多不规则几何形状的花样组成，时尚而个性，
双层微卷的帽边更显青春靓丽。

休闲圆帽

编织方法
P143

不规则的花纹花绕在帽顶，轻盈灵动，帽边的一段竖纹简约而个性，富有层次感。

简洁配色小帽

蜡蓝白配色线织成的麦子清新自然，针法简单，没有累赘，戴着也非常舒适方便。

编织方法
P143

编织方法
P144

Latest Fashion Design

亮丽紫色围巾

紫色总是给人高贵典雅的感觉，流畅的线条和个性的漩涡设计，更使这条围巾显得与众不同。

红色双排扣大衣

【成品规格】衣长72cm，胸围80cm
　　　　　　袖长52cm，肩宽38cm
【工　　具】10号棒针
【编织密度】28针×22行＝10cm²
【材　　料】红色三七毛线2700g，扣子10枚

前片编织方法： 双罗纹起针50针，织8行，按图编织花样到7个半麻花花样（计50cm长）后收袖窝、领窝。再挑针编织门襟。

后片编织方法： 双罗纹起针110针，织8行后按图排列花样编织50cm长，按图收袖窝、领窝。

袖子编织方法： 从袖壮起针22针按图加至108针后，左右各收20针至余34针，继续编织袖中花样24行后，从袖中花样侧挑17针编织30行到袖侧齐平并缝合。

帽子编织方法： 如图挑针编织，在帽沿和帽顶绣上花样。

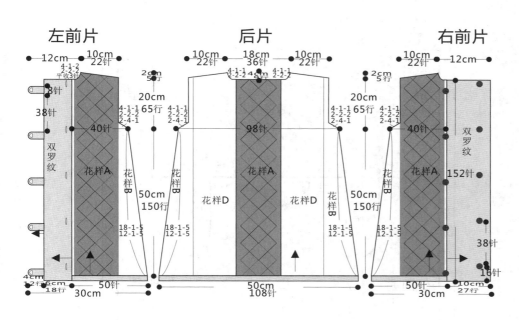

左前片　　　后片　　　右前片

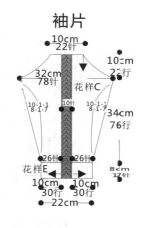

袖片

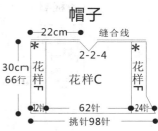

帽子

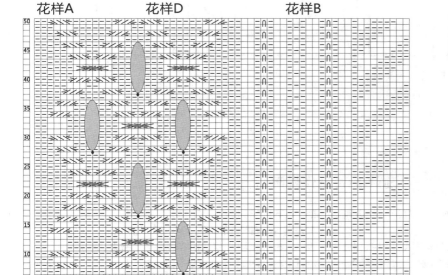

花样A　　　花样D　　　花样B

袖中麻花花样

扣襻花样

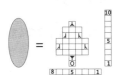

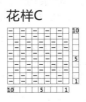

花样C

花样E

花样F

娇艳女孩对襟毛衣

【成品规格】衣长44cm，半胸围33cm，肩宽28.5cm
【工　　具】11号棒针，1.75mm钩针
【编织密度】18针×22行=10cm²
【材　　料】红色棉线400g，黑色线少量

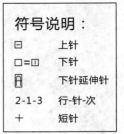
花样B

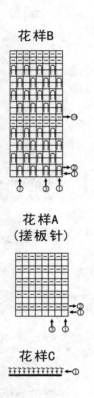

花样A
（搓板针）

花样C

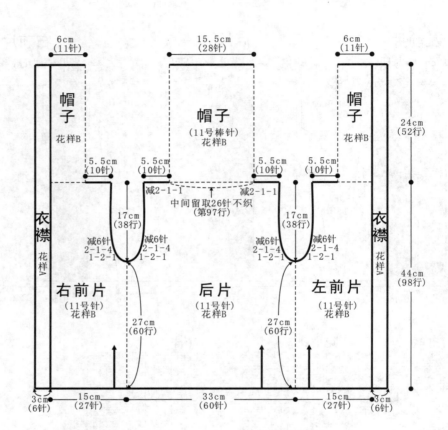

前片/后片制作说明

1. 棒针编织法，袖窿以下一片编织完成，从袖窿起分为左前片、右前片和后片分别编织而成。

2. 起织，下针起针法起126针，先织6针花样A，再织114针花样B，最后编织6针花样A，不加减针重复往上编织至60行后，第61行起，将织片分片，分为右前片、左前片和后片，右前片与左前片各取33针，后片取60针编织。先编织后片，而右前片与左前片的针眼用防解别针扣住，暂时不织。

3. 分配后片的针数到棒针上，用11号棒针编织，起织时两侧需要同时减针织成袖窿，减针方法为1-2-1、2-1-4，两侧针数各减少6针，余下48针继续编织，两侧不再加减针，织至第97行时，中间留取26针不织，用防解别针扣住留待编织帽子，两侧减针编织，方法为2-1-1，两侧各减1针，最后两肩

部各余下10针，收针断线。

4. 左前片与右前片的编织，两者编织方法相同，但方向相反，以右前片为例，右前片的左侧为衣襟边，起织时不加减针，右侧要减针织成袖窿，减针方法为1-2-1、2-1-4，针数减少6针，然后不加减针继续编织至98行，将右侧肩部10针收针，左侧17针用防解别针扣住留待编织帽子。

5. 前片与后片的两肩部对应缝合。

6. 编织帽子。沿领口挑针起织，挑起62针，织片两侧各织6针花样A，中间织50针花样B，织52行后，收针，将帽顶缝合。

7. 沿衣襟、帽侧及衣摆、袖窿分别钩织一圈花样C逆短针，用黑色线钩织。

淡雅中袖外衣

【成品规格】衣长54cm，胸围34cm，
　　　　　　袖长22cm，肩宽30cm
【工　　具】10号棒针
【编织密度】28针×22行=10cm²
【材　　料】6股32支白色纯棉线加一股银丝线，
　　　　　　扣子6枚

在以下相应位置绣上小花点缀

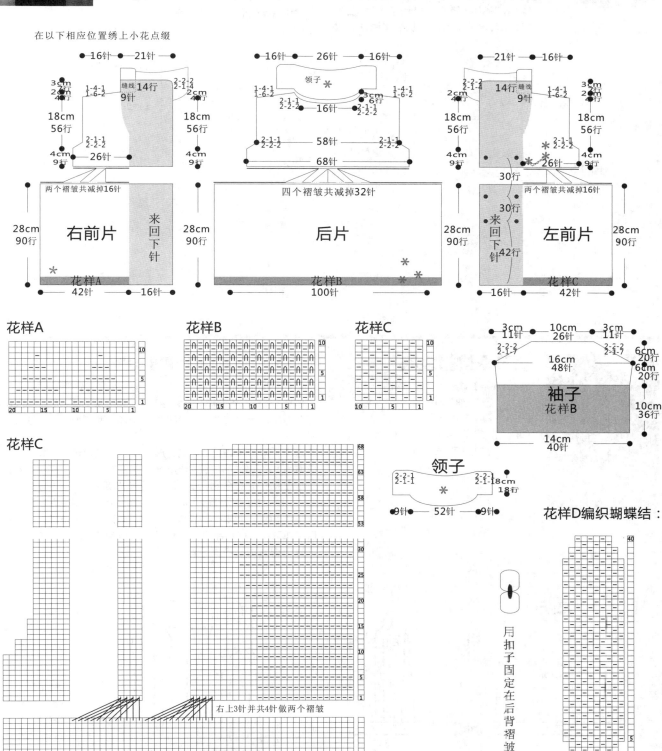

83

大气长外套

【成品规格】胸围120cm，背肩宽38cm，
　　　　　　衣长80cm，袖长53cm
【工　　具】6号环形针
【材　　料】3股兔毛1400g

制作说明

1. 织后片。编织方向为从下往上，起87针，采用花样编织，在侧缝线处按图示开始收出腰围线；再不加减针织到56cm后，按图示收出袖窿弯度；从袖窿线往上织

22.5cm后，在后领处收出后领弧度。

2. 织前片。编织方向为从下往上，起51针，采用花样编织，在侧缝线处按图示开始收出腰围线；再不加减针织到56cm后，按图示收出袖窿弯度；继续往上编织，前领不用收针，针数直接上接衣领。然后再织好另一个对应的前片，将肩上的针和后片合并。

3. 织袖子。起14针，从上往下编织，在袖山两旁按图示加针，到袖壮线处再按图示减针。然后用同样的方法织好另一个袖子。分别合并侧缝线和袖下线，并安装好袖子。

4. 织衣领。起80针，往上织1行上针1行下针。在前领角处按"每2行收1针"的规律，收3次，收针。安装衣领时，要将衣领的中点线和后片中点线对齐，往两边安装。

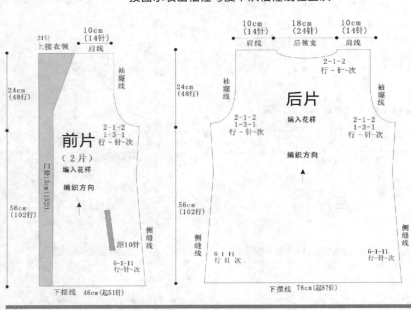

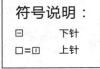

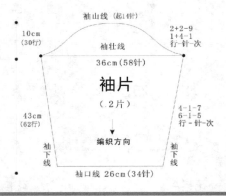

符号说明：
□　　下针
□=① 上针

优雅双排扣大衣

【成品规格】衣长49cm，胸围66cm，
　　　　　　袖长36cm
【工　　具】10号棒针
【编织密度】21针×20行=10cm²
【材　　料】羊毛线400g

编织方法

衣服由几种花样组合织成。

1. 后片：起84针织花样A为边，织好后均加14针为98针，开始织花样。

2. 腋下：两侧各19针，递减针形成腰线；中间分成3份成步步高花样，平针分布分别为9、11、11、14针，中间用花样间隔。

3. 前片：起36针织花样A作边；然后均加3针，分成3部分；18针织边缘花样为边，中间织叶子花9

针，内侧12针为平针。

4. 袖：从上往下织，中间织腋下花样，两侧织平针，袖口织边缘花样。

5. 领：前片边缘织48行后，上边递加针10次后，两侧同步减针，减5次后平收；后片从领窝挑出针数，前片两侧各挑10针，开始织边缘花样，领角减针形成圆角，前边与前片叠压；完成。

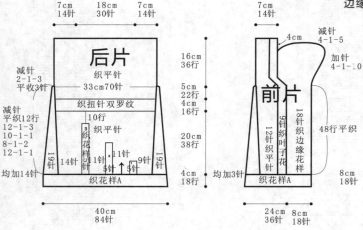

符号说明：
□=①
⊙=加针
⋌=右上2针并1针
⊡=扭针
⋀=中上3针并1针

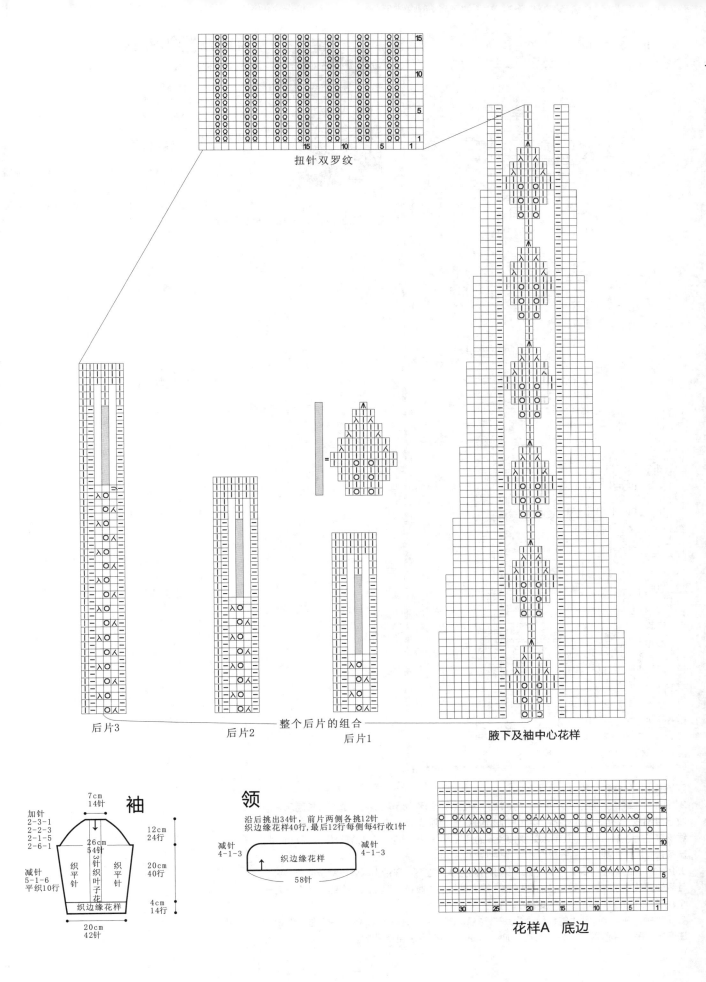

扭针双罗纹

后片3　　后片2　　——整个后片的组合——　　后片1　　腋下及袖中心花样

袖

加针
2-3-1
2-2-3
2-1-5
2-6-1

7cm
14针

12cm
24行

减针
5-1-6
平织10行

织平针　　织平针

3针织叶子花

26cm
54针

20cm
40行

4cm
14行

织边缘花样

20cm
42针

领

沿后挑出34针，前片两侧各挑12针
织边缘花样40行，最后12行每侧每行收1针

减针
4-1-3

织边缘花样

减针
4-1-3

58针

花样A　底边

85

领加针　　反之则减

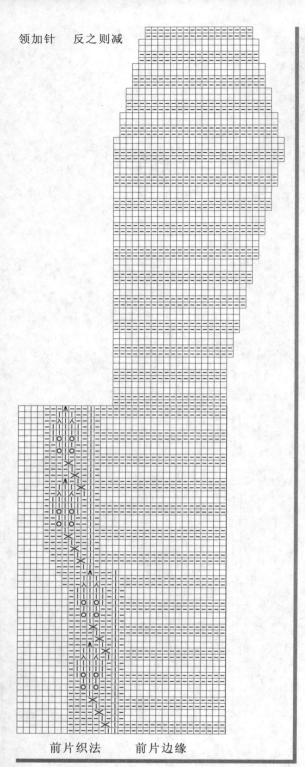

前片织法　　前片边缘

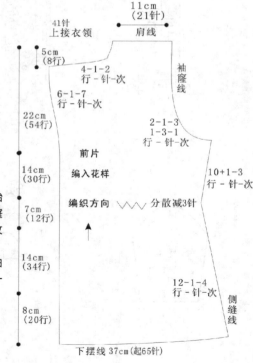

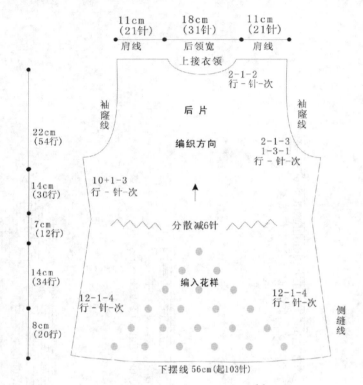

端庄双排扣外套

【成品规格】衣长65cm，胸围96cm，袖长59cm，
　　　　　　背肩宽39cm
【工　　具】5.5号棒针
【材　　料】单股羊毛线800g

制作说明

1. 织后片。编织方向为从下往上，起103针，不加减
针织到8cm后，在侧缝线处按图示开始收出腰围线；
然后分散减6针，继而再加出胸围线；到43cm高度
后，收袖隆弯度；从袖隆线继续往上织21.5cm后，在后领处收出后领弧度。后片

11cm　　　18cm　　　11cm
(21针)　　(31针)　　(21针)
肩线　　　后领宽　　　肩线
上接衣领
2-1-2
行-针-次
袖隆线　　　后片　　　袖隆线
编织方向
2-1-3
1-3-1
行-针-次
10+1-3
行-针-次
分散减6针
编入花样
12-1-4　　　　　　　　12-1-4
行-针-次　　　　　　　行-针-次
22cm(54行)
14cm(30行)
7cm(12行)
14cm(34行)
8cm(20行)
侧缝线
下摆线 56cm(起103针)

41针
上接衣领
5cm(8行)
4-1-2
行-针-次
6-1-7
行-针-次
11cm
(21针)
肩线
袖隆线
2-1-3
1-3-1
行-针-次
前片
编入花样
编织方向　分散减3针
10+1-3
行-针-次
12-1-4
行-针-次
22cm(54行)
14cm(30行)
7cm(12行)
14cm(34行)
8cm(20行)
侧缝线
下摆线 37cm(起65针)

双侧肩上的针待和前片肩上的针合并。
2. 织前片。编织方向为从下往上，起65针，不加减针织到8cm后，在侧缝线处按图示开始
收出腰围线；然后分散减3针，继而再加出胸围线；到43cm高度后，收袖隆弯度；从袖隆
线继续往上织10cm后，在前领处加领驳头的弧度；再织5cm后，不加减针织到38cm，收
出前领弧度。双侧肩上的针和后片肩上的针合并。
3. 织袖子。起26针，采用花样编织，编织方向为从上往下，在袖山两旁按图示加针，到袖
壮线处再按图示减针，到袖口时为59针，织到袖长后平收针。然后用同样的方法织好另一
个袖子。分别合并袖下线，并安装好袖子。
4. 织衣领。前片领驳头上的针和后领上的针共108针，将这108针采用花样由下往上编织，
注意按"每隔6行12针加1针"的规律加针，加4次，最后将140针平收。

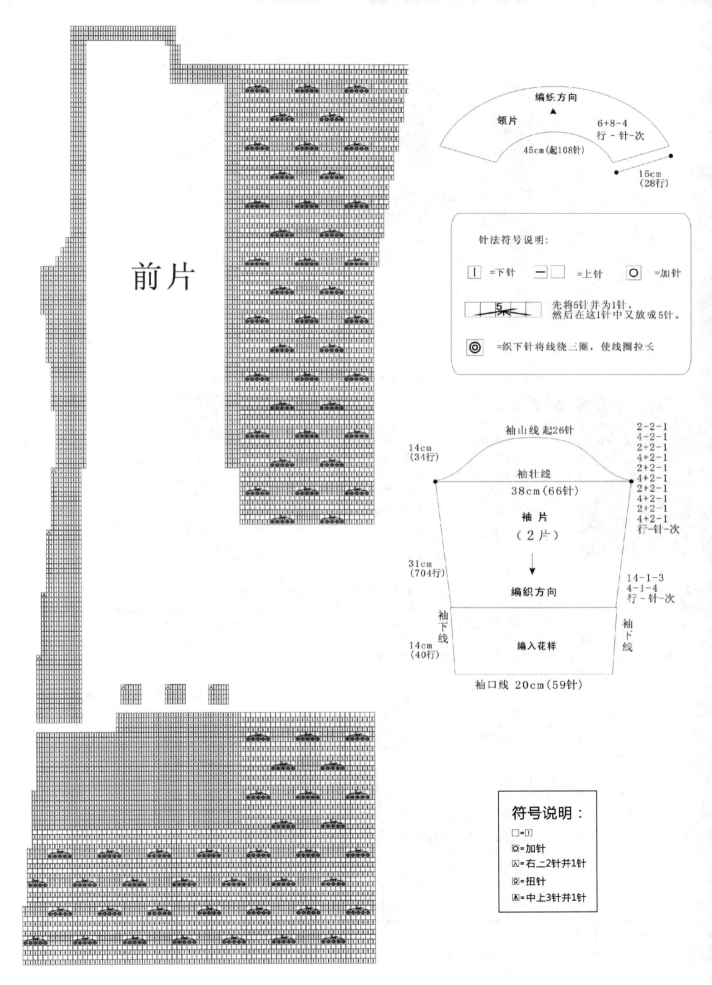

前片

编织方向
领片
6+8-4
行 - 针-次
45cm(起108针)
16cm
(28行)

针法符号说明：

□ =下针   —□ =上针   ○ =加针

5 先将5针并为1针，
然后在这1针中又放或5针。

◎ =织下针将线绕三圈，使线圈拉长

14cm
(34行)
袖山线 起26针
袖壮线
38cm(66针)
袖 片
（2片）

2-2-1
4-2-1
2+2-1
4+2-1
2+2-1
4+2-1
2+2-1
4+2-1
2+2-1
4+2-1
行-针-次

编织方向

31cm
(704行)

14-1-3
4-1-4
行 - 针-次

袖下线

袖下线

14cm
(40行)
编入花样

袖口线 20cm(59针)

符号说明：

□=□
◎=加针
⊠=右二2针并1针
◙=扭针
⋀=中上3针并1针

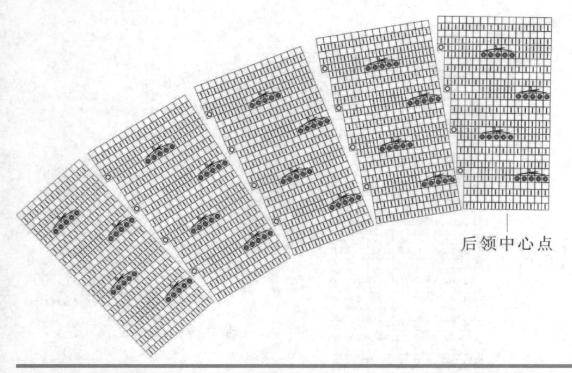

后领中心点

秀雅小套裙

【成品规格】 衣宽30cm，衣长28cm，
　　　　　　 裙子宽55cm，裙子长26.5cm

【工　具】 8号棒针、8号环形针、2.5号钩针

【编织密度】 小背心：24针×35行=10cm²
　　　　　　 裙　子：22.4针×34.3行=10cm²

【材　料】 浅灰色兔毛350g，纽扣三粒

衣身片制作说明

1. 衣身片为一片编织，从衣摆起织，往上编织至肩部。

2. 衣身片下部分分为两片，先编织左片，用8号棒针起72针起织，往上按花样C(搓衣板针)编织，衣襟边为2针下针，往上编织8行，从第9行开始按花样A编织，花样为8针20行一花样，其中4针为上拉针花样，其余4针为上针编织，4针上拉针花样编织至第5行时，第1针编织下针，然后在下5行的4针中间插针，拉出线，第2、3针编织下针，又在同样的地方拉出线，第4针编织下针，在下一行处，2针拉线与相邻的针并为一针，编织10行后，完成第一

层花样的编织。往上编织第二层花样，花样与第一层交错编织，见花样A，编织10行后，完成第二层花样的编织。往上编织第三层花样，花样与第二层交错编织，编织10行后，完成第三层花样的编织。现在编织至38行，完成花样A的编织，往上按花样C(搓板针)编织7行，完成左片的编织，共45行。

3. 按相同方法编织右片，从第46行时将两片串成一片编织。按花样J编织2行镂空花样，再往上继续编织，除后片的正中间11针按花样D镂空花样编织，左右衣襟旁5针按花样C(搓板针)编织外，其余按花样B镂空花样均匀分布编织，往上编织5行后，开始袖窿减针，往上分为三片编织，先编织左片，袖窿减针方法顺序为1-2-1、2-2-1、2-1-2，往上编织17行后，又开始前衣领减针，减针方法顺序为1-2-1、2-1-8、4-1-3，肩部剩17针，共编织28cm，即98行，收针断线。按相同方法编织右片。最后编织后片，袖窿减针方法同左右片，一直编织至88行后，从织片的中间留取18针不织，可以收针，亦可以留作编织衣领连接，可用防解别针锁住，两侧余下的针数，在衣领减针，方法为2-1-4，最后两侧的针数余下17针，收针断线。

4. 将两肩部对应缝合。

5. 沿着衣领边挑针起织衣领，挑出的针数，要比沿边的针数稍多些，然后按照花样E，编织5行后，收针断线。用2.5号钩针如图示沿衣领边钩一圈狗牙针。用2.5号钩针如图示沿袖窿钩一圈短针。

6. 取两根相同长的毛线，将其扭成麻花状，扭至差不多长的时候，尾部打结。将此麻绳从后片开叉处，沿两边将绳穿入，像系鞋带一样，穿好后，系成蝴蝶结，完成。

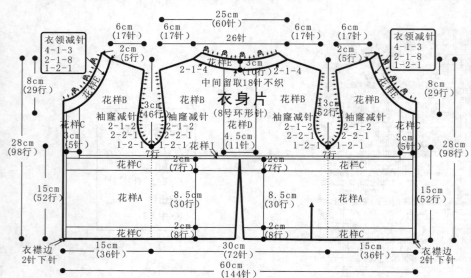

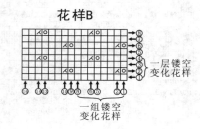

花样B

88

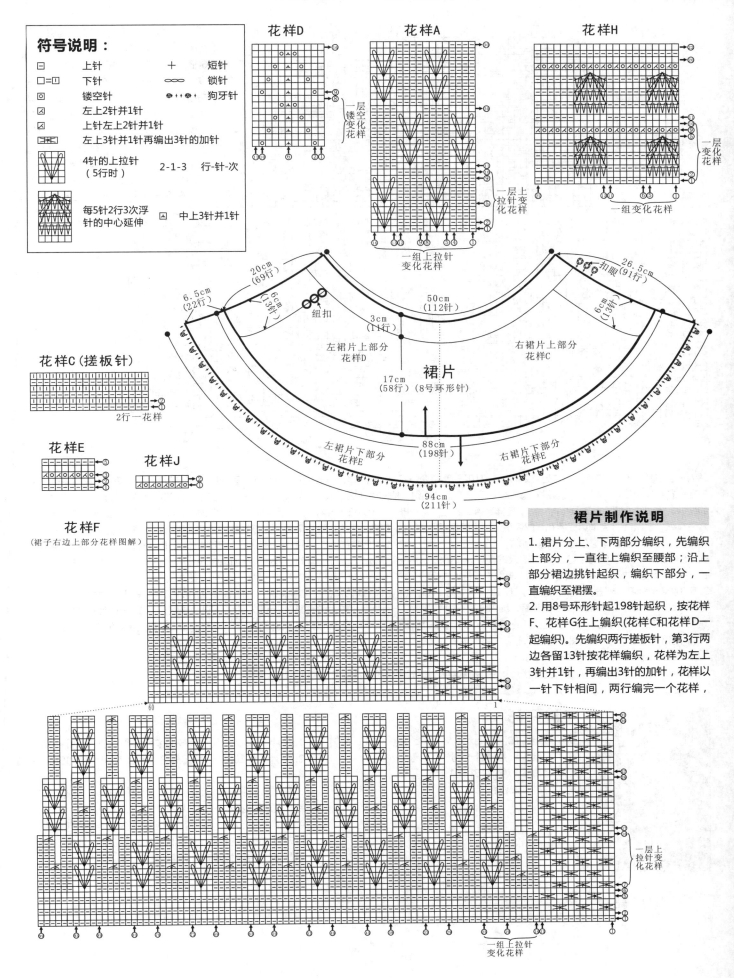

符号说明：

□	上针	＋	短针
□=□	下针	∞	锁针
⊡	镂空针		狗牙针
⊠	左上2针并1针		
⊠	上针左上2针并1针		
⊠	左上3针并1针再编出3针的加针		

4针的上拉针（5行时）　2-1-3　行-针-次

每5针2行3次浮针的中心延伸　⚃ 中上3针并1针

花样D
一层镂空变化花样

花样A
一组上拉针变化花样
一层上拉针变化花样

花样H
一层变化花样
一组变化花样

花样C（搓板针）
2行一花样

花样E

花样J

花样F
（裙子右边上部分花样图解）

20cm（69行）
6.5cm（22行）
6cm（13针）
纽扣
3cm（11行）
扣眼
26.5cm（91行）
6cm（13针）
50cm（112针）
左裙片上部分花样D
右裙片上部分花样C
裙片
17cm（58行）（8号环形针）
左裙片下部分花样E
右裙片下部分花样E
88cm（198针）
94cm（211针）

一层上拉针变化花样
一组上拉针变化花样

裙片制作说明

1. 裙片分上、下两部分编织，先编织上部分，一直往上编织至腰部；沿上部分裙边挑针起织，编织下部分，一直编织至裙摆。

2. 用8号环形针起198针起织，按花样F、花样G往上编织(花样C和花样D一起编织)。先编织两行搓板针，第3行两边各留13针按花样编织，花样为左上3针并1针，再编出3针的加针，花样以一针下针相间，两行编完一个花样，

89

花样G
（裙子左边上部分花样图解）

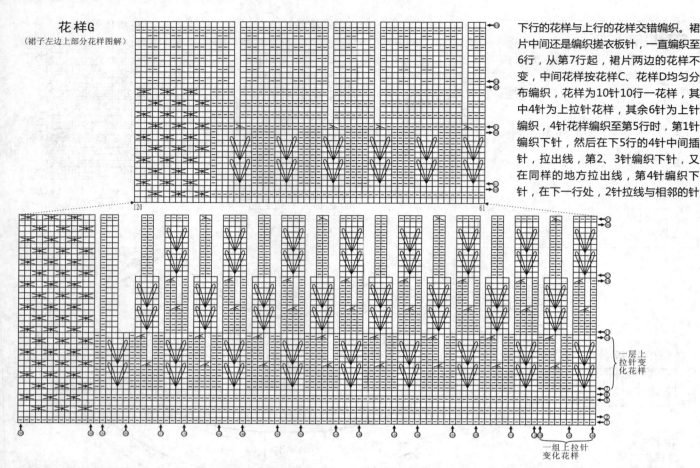

下行的花样与上行的花样交错编织。裙片中间还是编织搓衣板针，一直编织至6行，从第7行起，裙片两边的花样不变，中间花样按花样C、花样D均匀分布编织，花样为10针10行一花样，其中4针为上拉针花样，其余6针为上针编织，4针花样编织至第5行时，第1针编织下针，然后在下5行的4针中间插针，拉出线，第2、3针编织下针，又在同样的地方拉出线，第4针编织下针，在下一行处，2针拉线与相邻的针

一层上拉针变化花样

一组上拉针变化花样

并为一针；其余6针按花样在相应处减2针，编织10行后，完成一层花样的编织。继续往上编织第二层相同花样，花样与第一层花样交错排列，但现在一花样变为8针，4针上拉线花样，其余4针同样为上针编织，按同样方法编织，并且按花样图解在相应处也减2针，编织10行完成第二层花样的编织。继续往上编织第三层相同花样，花样与第二层花样交错排列，但现在一花样变为6针，4针上拉线花样，其余2针同样为上针编织，按同样方法编织，编织10行完成第三层花样的编织。往上编织37至40行，花样为搓衣板针，第37行，按花样在相应处减8针。再往上为第四层与前面相同花样，按花样图解均匀分布，同第二层花样，一花样为8针，4针上拉线花样，其余4针为上针编织，不加减针往上编织10行，完成第四层花样的编织。这时已编至50行，往上10行编织搓衣板针，第51行按图减8针。剩下112针，再往上不加减针编织，花样为4针一花样，其中2针为下针，另2针为搓衣板针，往上编织9行后，再编织两行搓衣板针，共69行，收针断线。详细编织图解见花样F、花样G。

3. 用8号环形针沿上部分裙边挑针起织，挑211针，按花样H编织，花样为11针8行一花样，其中11针中5针为浮针花样，其余6针为搓衣板针，均匀分布18个半花样，裙两边各4针搓板针。编织浮针花样，先编织一行下针，往上6行每5针2行3次浮针，下一行第3针与浮针一起编织中心针，完成浮针花样的编织。往上2行为镂空花样的编织，这时完成一层花样的编织。往上再编织10完成第二层花样的编织，最后再编织两行搓板针，共22行，收针断线。详细编织图解见花样H。

4. 用2.5号钩针如图示沿裙边钩一圈狗牙针。

5. 如图所示，在左裙片相应处缝上三粒纽扣，并在右裙片对应处用2.5号钩针钩编3个扣眼。

淡雅开衫

【成品规格】胸围72cm，衣长56cm，袖长41cm

【工　　具】13号棒针一副

【编织密度】27针×45行=10cm²

【材　　料】浅蓝色毛线800g

编织要点

1. 前片：起56针，按图解分配花型编织，顶部51针停织。

2. 后片：起108针，按图解分配花型编织，顶部98针停织。

3. 袖：起64针，袖口织花样B，然后织花样A，两侧按图加针，最后每2行左右各减1针一次，余下70针停织。

4. 圆肩部分：将袖和衣片相应的部分缝合，挑起前后片以及衣袖停织的针向上按图解织圆肩，左右门襟各留18针织花样C，其他按圆肩织法编织减针，最后平收。

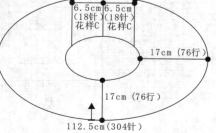

圆肩部分

6.5cm (18针) 花样C　6.5cm (18针) 花样C

17cm (76行)

17cm (76行)

112.5cm (304针)

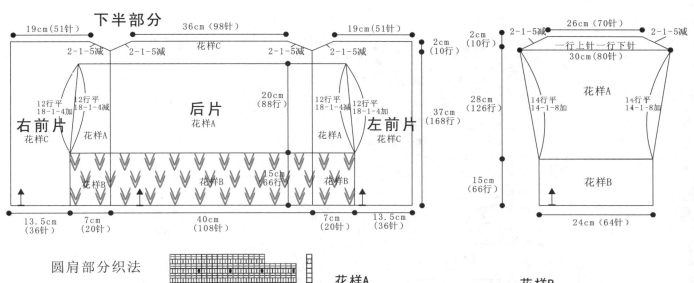

下半部分

19cm(51针) ・ 36cm(98针) ・ 19cm(51针) ・ 2cm(10行)

2-1-5减 ・ 2-1-5减 ・ 花样C ・ 2-1-5减 ・ 2-1-5减

右前片
花样C

12行平
18-1-4加

12行平
18-1-4减

后片
花样A

20cm(88行)

12行平
18-1-4减

12行平
18-1-4加

左前片
花样C

37cm(168行)

花样B ・ 花样B ・ 15cm(66行) ・ 花样B

花样A ・ 花样A

13.5cm(36针) ・ 7cm(20针) ・ 40cm(108针) ・ 7cm(20针) ・ 13.5cm(36针)

26cm(70针)

2cm(10行)

2-1-5减 ・ 2-1-5减

一行上针一行下针
30cm(80针)

花样A

28cm(126行)

14行平
14-1-8加

14行平
14-1-8加

15cm(66行)

花样B

24cm(64针)

圆肩部分织法

● = ⊞

花样A

花样B

花样C

袖

5cm(12针)

4-1-5减
2-1-20减

下针

4-1-5减
2-1-20减

20cm(60行)

28cm(62针)

花样C

8行平
8-1-7加

8行平
8-1-7加

下针

21.5cm(64行)

花样E

10.5cm(32行)

22cm(48针)

衣兜

3cm(7针) ・ 9cm(19针)

花样A ・ 花样D

13cm(40行)

休闲对襟外套

【成品规格】胸围80cm，衣长50cm，袖长52cm
【工　　具】13号棒针一副
【编织密度】（主要花型参考密度）：22针×30行=10cm²
【材　　料】浅紫色毛线800g

编织要点

1. 前片：起55针，按图解分配花型编织，按图留袖窿及领窝。

2. 后片：起89针，按图解分配花型编织，按图减针留袖窿。

3. 袖：起48针，袖口织花样E，然后按图织花样，两侧按图加针织袖山。

4. 领：挑110针织11cm花样A，然后在整个衣领外圈钩一圈逆短针。

5. 衣兜：按图织12cm宽、13cm高的方片，缝在衣服相应位置。

6. 衣服各部分织好缝合后，用钩针在外圈钩一圈逆短针。

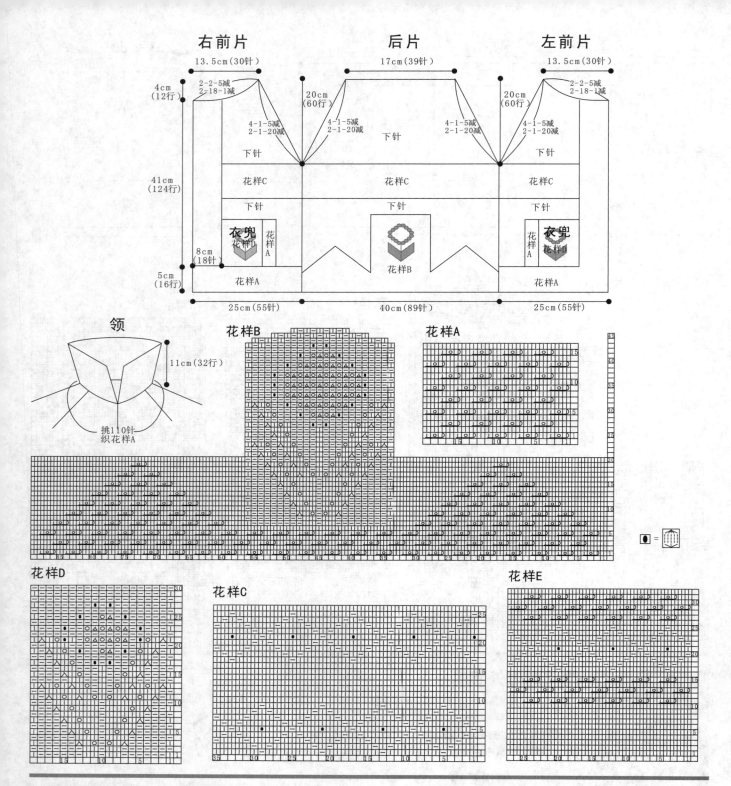

右前片　　　　　后片　　　　左前片

13.5cm(30针)　　　17cm(39针)　　　13.5cm(30针)

4cm (12行)　2-2-5减 2-18-1减　　20cm (60行)　　20cm (60行)　　2-2-5减 2-18-1减

4-1-5减 2-1-20减　　4-1-5减 2-1-20减　　4-1-5减 2-1-20减　　4-1-5减 2-1-20减

下针　　　下针　　　下针

41cm (124行)　花样C　　花样C　　花样C

下针　　　下针　　　下针

衣兜 花样D　花样 A　　花样B　　花样 A　衣兜 花样D

8cm (18针)

5cm (16行)　　花样A　　　　　　　花样A

25cm(55针)　　40cm(89针)　　25cm(55针)

领

11cm(32行)

挑110针 织花样A

花样B　　　花样A

● =

花样D　　　花样C　　　花样E

温馨小开衫

【成品规格】胸围85cm，衣长53cm，袖长54cm
【工　　具】9号棒针
【编织密度】22针×30行=10cm²
【材　　料】高兔绒950g

制作说明

前片、袖片均为左右2片，后片为1片。

1. 织后片。编织方向为从下往上，起63针，采用双罗纹针往上织6cm后，再按针法图织花样部分；不

加减针往上织到35cm，收出后斜肩线；从袖隆线往上织18cm。将后领处的针穿好，待用。

2. 织前片。编织方向为从下往上，起32针，采用双罗纹针往上织6cm，再按针法图织花样部分；不加减针往上织到35cm后，收出前斜肩线。将前领处的针穿好，待用。

3. 织袖子。起32针，采用双罗纹针往上织6cm，在袖下线两旁按图示加针，织到袖壮线时49针；再按图示减针，袖山最后为17针。织另一个袖子时，要注意袖外侧的花样要颠倒过来，让小球的一侧在手臂位置，另一侧在袖口位置。然后分别合并侧缝线和袖下线，并安装好袖子。

4. 织门襟。分别在前片门襟位置各挑出70针，横向织5cm双罗纹针后平收针。在右侧要预留出5个扣眼，另一侧为钉扣子用。

5. 织风帽。在前片、袖片及后片挑出92针，按针法图往上织，织到27cm后，在帽顶角上按图示收出圆角，最后合并帽后缝和帽顶缝。

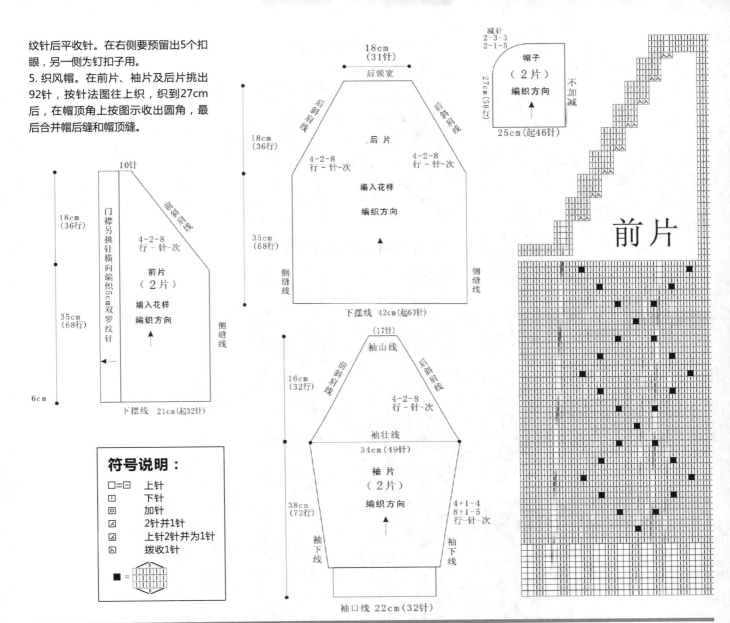

符号说明：

□=⊟	上针
🗆	下针
⊡	加针
⊠	2针并1针
⊠	上针2针并为1针
⊠	拨收1针

■ = 小球

阳光长袖衫

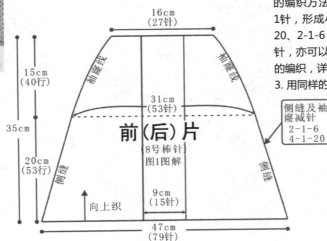

【成品规格】胸围62cm，衣长35cm，袖长22cm
【工　　具】8号棒针
【编织密度】17针×26.5行=10cm²
【材　　料】黄色兔毛线400g

前(后)片制作说明

1. 前、后片编织方法相同，可为1片编织，从衣摆起织，往上编织至领部。

2. 衣服先编织后片，起79针-编织1行下针，从第2行开始按图解1编织花样，中间15针为棒绞花样，两边为镂空花样，其中小球的编织方法为1针加至5针，来回编织5行下针，最后5针并为1针，形成小球；同时按减针顺序两侧减针，方法顺序为4-1-20、2-1-6，一直编织至35cm，即93行，领部会27针，可以收针，亦可以留作编织衣领连接，可用防解别针锁住。完成后片的编织，详解见图解1。

3. 用同样的方法编织前片。

4. 完成后，将前片的侧缝与后片的侧缝对应缝合，侧缝的高度为20cm，即53行。

图2衣袖片花样图解

93

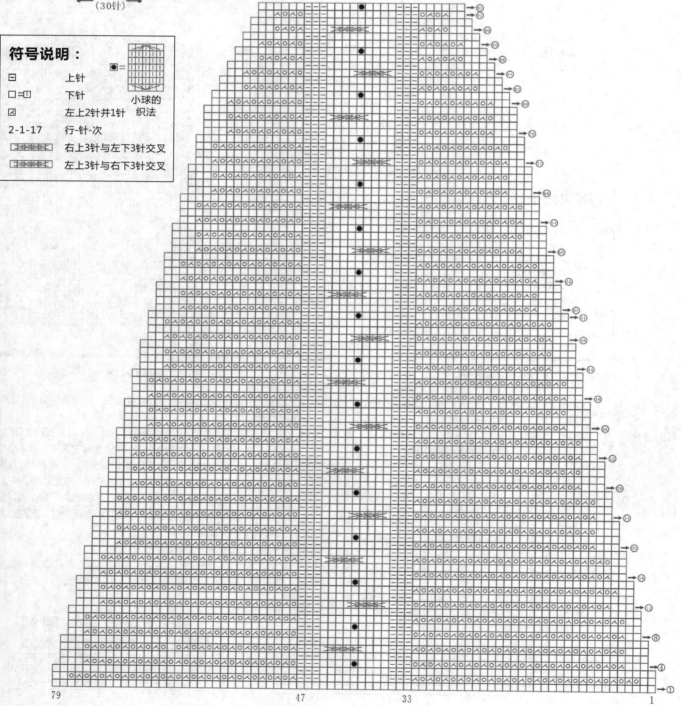

衣袖片制作说明

1. 两片衣袖片，分别单独编织。

2. 从袖口起织，起30针编织2行单罗纹针，从第3行开始编织镂空花样，同时按加针顺序两侧加针，方法顺序为1-1-15，共加30针，编织至18行，从第19行起不加减针往上编织，一直编织至37行，从第38行开始两侧减针，方法顺序为1-1-10，共减20针，编织至47行；从第48行开始不加减针往上编织，先编织2行下针，再1行下针1行上针往上编织8行，注意54行的小球编织；从第58行起编织镂空花样，从第59行开始两侧同时袖山减针

编织，减针方法为4-1-8、2-1-6，一直减至余12针，直接收针后断线。

3. 用同样的方法再编织另一衣袖片。

4. 将两袖片的袖山与衣身的袖窿线边对应缝合。

5. 沿着衣领边挑针起织，挑出的针数，要比衣领沿边的针数稍多些，编织2行上针，再按图解2编织2行镂空花样，往上编织2行上针，最后1行下针，以上针收针断线。编织花样见图解2。

余12针

袖山减
2-1-6
4-1-8

15cm
(40行)

37cm

灯笼袖减
1-1-10

22cm
(58行)

衣袖片
(8号棒针)
图2图解

侧缝   侧缝

向上织

灯笼袖加
1-1-15

17cm
(30针)

符号说明：

⊟	上针
□=⊡	下针
⊠	左上2针并1针
2-1-17	行-针-次
▤	右上3针与左下3针交叉
▤	左上3针与右下3针交叉

●= 小球的织法

图1前(后)片花样图解

79   47   33   1

向阳花大披肩

【成品规格】袖长34cm，领口宽33cm
【工　　具】6.5mm棒针4枚
【材　　料】4股三七羊毛线340g

制作说明

首先将线在手指上绕2圈，在圈上起15针，不加减针织1行上针1行下针。

第3圈：织2针下针，然后在1针中放出3针……共放15针。

第4圈：全织上针……

第5圈：织4针平针，在1针中放出3针……共放15针。

第6圈：全织上针……

第7圈：织6针下针，在1针中放出3针……共放15针。

第8圈：织6针下针，3针上针……

第9圈：织6针下针，1针上针，在1针中放出3针，1针上针……

第10圈：织6针上针，6针下针……

第11圈：织3针下针，加1针，3针下针，6针下针……

第12圈：织3针下针，1针上针，3针下针，6针上针……

第13圈至23圈的单圈：在3针下针的两边各加1针。

第14圈至24圈的双圈：对应上圈织上针和下针。

第25圈开始：将花瓣中的上针部分每隔1行要收针，收到剩1针为止，花瓣完成。上针部分还是继续前面的加针。

第26圈到44圈：跟第25圈的编织方法相同。

第45圈：在上针部分织1行网眼花……

第46圈：织和上1行对应的针……

主体花部分完成后，按图示要收出领的弧形和肩的斜线。

在主体花部分的下角边，多织2组网眼花样。

最后在披肩下缘装48束小辫子装饰品。

（注：“……”表示重复前面的步骤）

符号说明：

□　上针
Ⅰ　下针
☑　2针并1针
◎　加针
⊠　拨收1针
△　中上3针并1针
Ⅴ　在1针中加出3针

领的编织方法

在前后主体花和袖片的上缘挑出92针，按针法图织衣领。

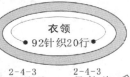

衣领
92针织20行

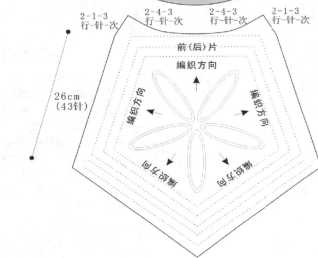

2-1-3
行一针一次

2-4-3
行一针一次

2-4-3
行一针一次

2-1-3
行一针一次

前（后）片

编织方向

26cm
（43针）

编织方向

编织方向

编织方向

编织方向

袖子的编织方法

起45针织网眼花，由袖口向上织。注意按结构图示在袖两侧减针。然后将袖子两侧缝和主花的斜边连接好。

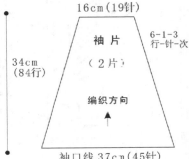

16cm（19针）

6-1-3
行一针一次

34cm
（84行）

袖片
（2片）

编织方向

袖口线37cm（45针）

衣领针法图：
衣领92针，织20行

红色为同一针.

起15针

各单元片拼接方位图：

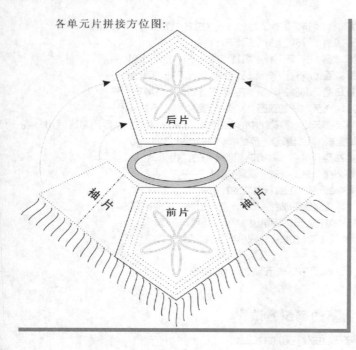

后片

袖片　　袖片

前片

秀雅小外套

【成品规格】胸围30cm，衣长35cm，袖长21cm
【工　具】7号棒针，环形针，缝衣针
【编织密度】21针×25.5行=10cm²
【材　料】红圈线600g，白拉毛线20g，纽扣

前片制作说明

1. 前片分为两片编织，左片和右片各1片，从衣摆起针编织，往上编织至肩部。
2. 起14针编织前片，侧缝方向加针编织，方法顺序为1-3-3、1-2-2、1-1-2，从第9行起不加减针编织，共编织20cm后，即53行，从第54行开始袖隆减针，方法顺序为1-4-1、2-1-16，前片的袖隆减少针数为20针。
3. 用同样的方法再编织另一前片，完成后，将两前片的侧缝与后片的侧缝对应缝合，袖隆与后片、袖片袖隆对应缝合。前领连接继续编织帽子，可用防解别针锁住，领窝不加减针。
4. 最后在一侧前片钉上扣子。不钉扣子的一侧，要制作相应数目的扣眼，扣眼的编织方法为：在当行收起数针，在下1行重起这些针数，这些针数两侧正常编织。

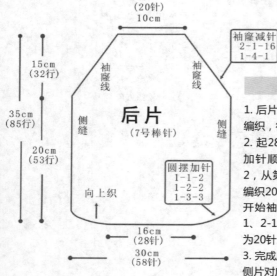

(20针)10cm
袖隆减针 2-1-16 1-4-1
15cm(32行)
袖隆线
后片(7号棒针)
袖隆线
35cm(85行)
侧缝
侧缝
20cm(53行)
圆摆加针 1-1-2 1-2-2 1-3-3
向上织
16cm(28针)
30cm(58针)

后片制作说明

1. 后片为1片编织，从衣摆边开始编织，往上编织至肩部。
2. 起28针，两侧同时加针编织，加针顺序为1-3-3、1-2-2、1-1-2，从第9行起不加减针编织，共编织20cm后，即53行，从第54行开始袖隆减针，方法顺序为1-4-1、2-1-16，后片的袖隆减少针数为20针。
3. 完成后，将后片的侧缝与前片的侧片对应缝合，后领连接继续编织帽子，可用防解别针锁住。

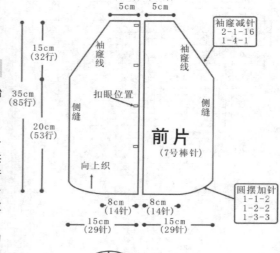

(10针)5cm (10针)5cm
袖隆减针 2-1-16 1-4-1
15cm(32行)
袖隆线
袖隆线
扣眼位置
前片(7号棒针)
35cm(85行)
侧缝
侧缝
20cm(53行)
向上织
圆摆加针 1-1-2 1-2-2 1-3-3
8cm(14针) 8cm(14针)
15cm(29针) 15cm(29针)

衣袖片制作说明

1. 两片衣袖片，分别单独编织。
2. 从袖口起织，起37针编织，第1行用拉毛线起针编织，然后配色编织，两侧同时加针，加针方法如图：依次8-1-6，加到56行。
3. 袖山的编织：两侧同时减针，减针方法如图1-3-1、2-1-17，最后余下11针，直接收针后断线。
4. 用同样的方法再编织另一衣袖片。
5. 将两袖片的袖山与衣身的袖隆线边对应缝合，再缝合袖片的侧缝。

袖山减针 2-1-17 1-3-1
余11针
16cm(34行)
36cm(49针)
衣袖片(7号棒针)
21cm(56行)
37cm(90行)
侧缝　侧缝
向上织
20cm(37针)

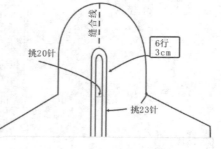

缝合线
挑20针
6行3cm
挑23针

帽子制作说明

1. 1片编织完成。先缝合完成肩部后再起针挑织帽子。
2. 挑66针按图1花样加针编织38cm×26cm的长方形，共编织65行后，收针断线。编织花样见图解1。
3. 帽顶对折，沿边缝合。

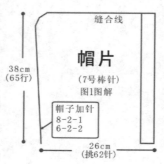

缝合线
帽片(7号棒针)图1图解
38cm(65行)
帽子加针 8-2-1 6-2-2
26cm(挑62针)

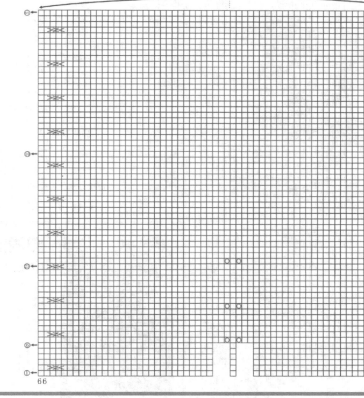

对折线

66   8   4   1

装饰片制作说明

1. 整体完成后，单独起22针编织装饰片，共织14行后收针断线。编织花样见图解2。
2. 沿后衣片中心距后衣边10cm处缝扣装饰。

符号说明：

符号	说明
⊟	上针　□=⊟　下针
⟩⟨⟩⟨	右上2针交叉
2-1-17	行-针-次

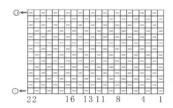

清新大外套

【成品规格】胸围110cm，衣长72cm，袖长69cm，
　　　　　　背肩宽39cm
【工　　具】7号环形针
【材　　料】兔毛单股1250g

制作说明

1. 织后片。编织方向为从下往上，起60针，在两侧角各加16针，使下摆呈圆弧形；然后往上织到腰线处，再减4针；在侧缝线处按图示收出袖窿弯度；从袖隆线往上织21.5cm后，在后领处收出后领弧度。
2. 织前片。编织方向为从下往上，起36针，在两侧角加16针，使下摆呈圆弧形；然后往上织到腰线处，再减3针；在侧缝线处按图示开始收出袖窿弯度；继续往上编织，前领不用收针，针数直接上接风帽。然后织好另一个对应的前片，将肩上的针和后片合并。
3. 织袖子。起24针，从上往下编织，在袖山两旁按图示加针，到袖壮线时为60针；再按图示减针，到袖长高度，在袖口用松针线织10cm上针后收针。并用同样的方法织好另一个袖子。分别合并侧缝线和袖下线，并安装好袖子。
4. 织风帽。起72针，往上编织。织到25cm后，在后角处按图示收针。在帽顶线将两侧片合并好。

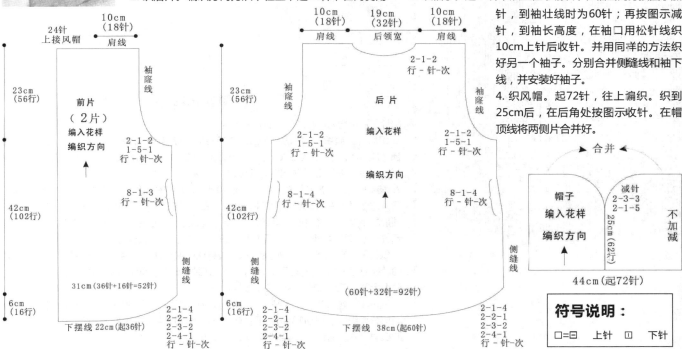

符号说明：

符号	说明
□=⊟	上针　⊡　下针

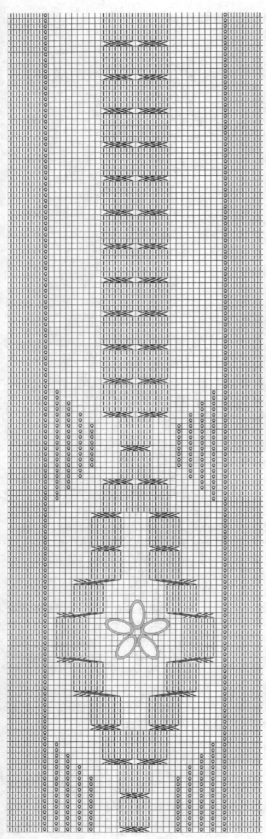

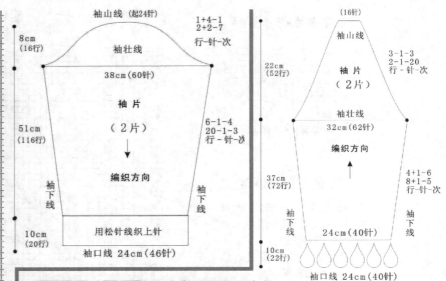

袖山线（起24针）

1+4-1
2+2-7
行-针-次

8cm
(16行)

袖壮线

38cm(60针)

袖片
（2片）

↓

编织方向

6-1-4
20-1-3
行-针-次

51cm
(116行)

袖下线

袖下线

10cm
(20行)

用松针线织上针

袖口线 24cm(46针)

(16针)

袖山线

3-1-3
2-1-20
行-针-次

22cm
(52行)

袖片
（2片）

袖壮线

32cm(62针)

编织方向
↑

37cm
(72行)

4+1-6
8+1-5
行-针-次

袖下线

袖下线

24cm(40针)

10cm
(22行)

袖口线 24cm(40针)

时尚圆摆开衫

【成品规格】胸围104cm，衣长69cm，袖长69cm
【工　　具】4.5号环针
【材　　料】高兔绒1000g

符号说明：

□=□ 上针
□ 下针
☒ 2针并1针
☒ 拨收1针
回 加针
■ = （花样图）

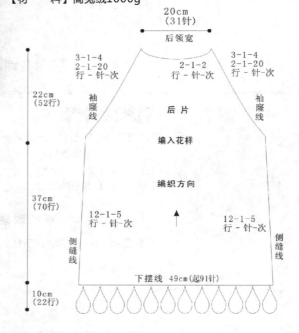

20cm
(31针)

后领宽

3-1-4
2-1-20
行-针-次

3-1-4
2-1-20
行-针-次

2-1-2
行-针-次

22cm
(52行)

袖窿线

后片

编入花样

编织方向
↑

袖窿线

37cm
(70行)

12-1-5
行-针-次

12-1-5
行-针-次

侧缝线

侧缝线

下摆线 49cm(起91针)

10cm
(22行)

制作说明

前片、袖片均为左右两片，后片为一片。

1. 织后片。编织方向为从下往上，起91针，采用花样编织，在缝线处，每12行减1针，减5次；往上织到37cm后，在侧缝线处按图示收出袖窿斜线；从袖窿线往上织20.5cm后，在后领处收出后领弧度。

2. 织前片。编织方向为从下往上，起40针，采用花样编织，在门襟侧按图示织出圆下摆。方法是：先织16针，然后按图示，每2行多织几针，将40针分多次织完，形成了圆形的小摆。在缝线处，每12行减1针，减5次；往上织到37cm后，在侧缝线处按图示收出袖窿斜线；同时，在门襟侧，每10行收1针，共收5次。

3. 织袖子。起40针，从下往上编织，按针法图织花样，在袖下线两旁按图示加针，到袖壮线时为62针；再按图示减针，袖山最后为16针。用同样的方法织好另一个袖子。分别合并侧缝线和袖下线，并安装好袖子。

4. 织风帽。起80针，从下往上织，按花样针法图织，到帽顶角上按图示收出圆角，中间部分继续往上织到13cm后平收针，并和帽侧片合并。袖口、风帽沿和门襟是连续编织的，分别挑针横向编织树叶花样10cm后收针。

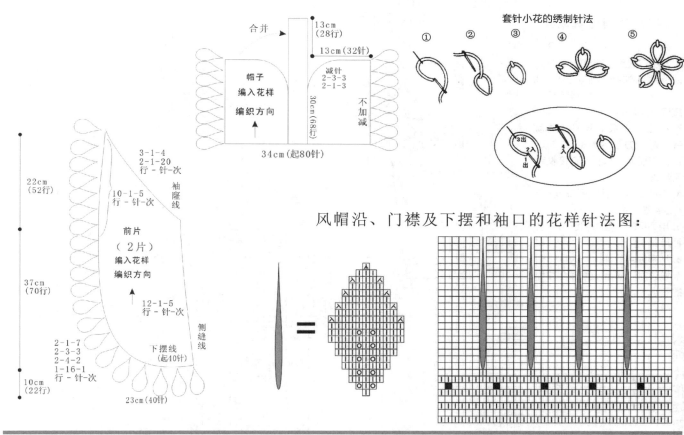

套针小花的绣制针法

① ② ③ ④ ⑤

合并 → 13cm (28行)
13cm (32针)

帽子
编入花样
编织方向

减针
2-3-3
2-1-3

不加减

30cm (68行)

34cm (起80针)

22cm (52行)

3-1-4
2-1-20
行-针-次

10-1-5
行-针-次

袖窿线

前片
（2片）
编入花样
编织方向

12-1-5
行-针-次

侧缝线

2-1-7
2-3-3
2-4-2
1-16-1
行-针-次

下摆线
（起40针）

10cm (22行)

37cm (70行)

23cm (40针)

风帽沿、门襟及下摆和袖口的花样针法图：

=

甜美圆摆开衫

【成品规格】胸围34cm，衣长48cm，袖长23cm，
【工　具】7号棒针，环形针，缝衣针
【编织密度】21针×25.5行＝10cm²
【材　料】红圈线600g，白拉毛线20g，纽扣

前片制作说明

1. 前片分为两片编织，左片和右片各1片，从衣摆起针编织，往上加针编织至肩部。

2. 起10针编织前片，门襟方向加针编织，方法顺序为1-2-3、1-1-8、2-1-4，从第19行起不加减针编织，共编织28cm后，即61行，从第62行开始袖窿减针，方法顺序为1-3-1、2-1-20，前片的袖窿减少针数为23针。详细编织图解见图解2。

3. 用同样的方法再编织另一前片，完成后，将两前片的侧缝与后片的侧缝对应缝合，袖窿与后片、袖片袖窿对应缝合。前领连接继续编织帽子，可用防解别针锁住，领窝不加减针。

后片制作说明

1. 后片为一片编织，从衣摆边开始编织，往上编织至肩部。

2. 起70针编织，第18行时花样减针。共编织28cm后，即61行，从第62行开始袖窿减针，方法顺序为1-3-1、2-1-20，后片的袖窿减少针数为23针。详细编织图解见图解3。

3. 沿衣边挑72针按图1图解花样编织装饰边。

4. 完成后，将后片的侧缝与前片的侧片对应缝合，后领连接继续编织帽子，可用防解别针锁住。

符号说明：

□　上针
□=□　下针
☑　左上2针并1针
☒　右上2针并1针
☒　右上3针并1针
2-2-1　行-针-次
●=　小球的织法

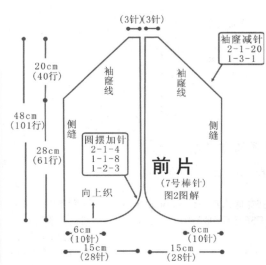

(3针)(3针)

20cm (40行)

48cm (101行)

28cm (61行)

袖窿减针
2-1-20
1-3-1

袖窿线

袖窿线

侧缝

侧缝

圆摆加针
2-1-4
1-1-8
1-2-3

向上织

前 片
(7号棒针)
图2图解

6cm (10针)

6cm (10针)

15cm (28针)

15cm (28针)

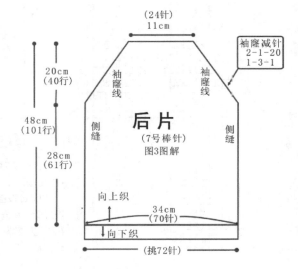

(24针)
11cm

20cm (40行)

48cm (101行)

28cm (61行)

袖窿减针
2-1-20
1-3-1

袖窿线

袖窿线

侧缝

侧缝

后 片
(7号棒针)
图3图解

向上织

34cm (70针)

向下织

(挑72针)

衣袖片制作说明

1. 两片衣袖片,分别单独编织。

2. 从袖口起织,起50针编织,两侧同时加针,加针方法如图,依次6-1-10,加到69行。编织花样见图解3。

3. 袖山的编织:两侧同时减针,减针方法为1-3-1、2-1-20。最后余下11针,直接收针后断线。

4. 沿袖口挑38针按图1图解花样编织装饰边。

5. 用同样的方法再编织另一衣袖片。

6. 将两袖片的袖山与衣身的袖窿线边对应缝合,再缝合袖片的侧缝。

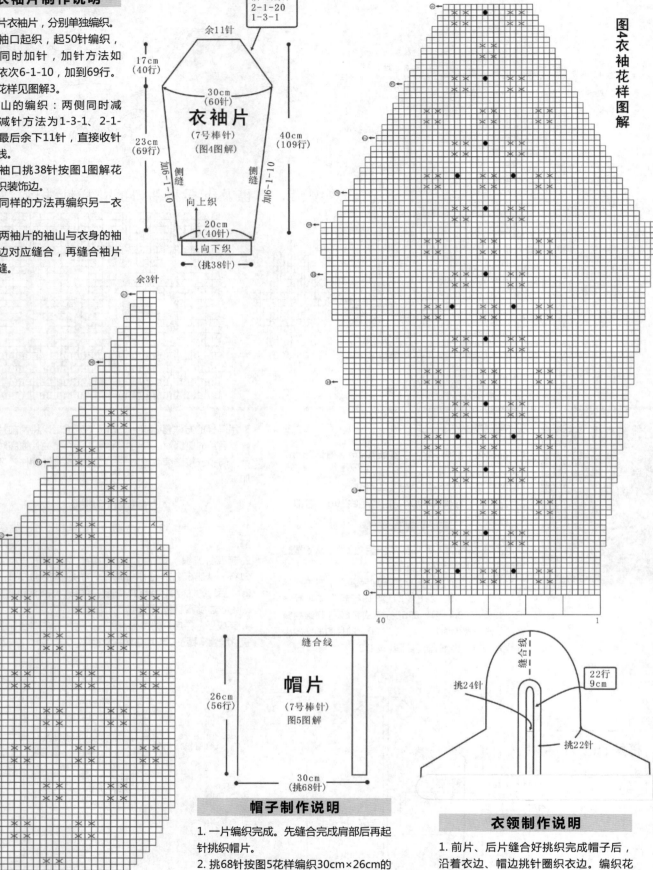

图2前片花样图解

图4衣袖花样图解

袖山减针
2-1-20
1-3-1

余11针

17cm
(40行)

30cm
(60针)

衣袖片
(7号棒针)
(图4图解)

23cm
(69行)

加6-1-10

侧缝

侧缝

加6-1-10

40cm
(109行)

向上织

20cm
(40针)

向下织

(挑38针)

余16针

40 ··· 1

余3针

帽片
(7号棒针)
图5图解

缝合线

26cm
(56行)

30cm
(挑68针)

缝合线

挑24针

22行
9cm

挑22针

10 ··· 1

帽子制作说明

1. 一片编织完成。先缝合完成肩部后再起针挑织帽片。

2. 挑68针按图5花样编织30cm×26cm的长方形,共编织56行后,收针断线。编织花样见图解5。

3. 帽顶对折,沿边缝合。

衣领制作说明

1. 前片、后片缝合好挑织完成帽子后,沿着衣边、帽边挑针圈织衣边。编织花样见图解1。

2. 挑出的针数,要比衣边、帽沿边的针数稍多些,共编织22行后,收针断线。

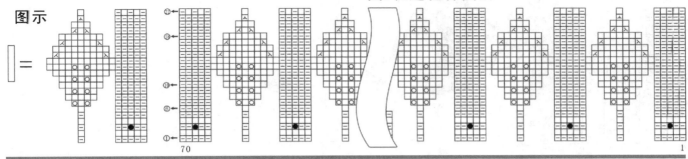

图1衣边花样图解

图示 □ =

70   1

简约短袖衫

【成品规格】胸围90cm，衣长58cm
【工　　具】11号环针
【编织密度】19针×28行=10cm²
【材　　料】羊毛线400g

1. 后片：起90针，织6行平针形成自然翻卷，再织8行正反针，上面一直织平针至开挂，腋下不收针，两侧各一针边针，收针方式同袖4行，2针并1针，收15次，剩下30针暂停。

2. 前片：起针同后片，平针织6行后织口袋，按图示织好后停下，与后片同高后并针合织，织平针；前片领窝呈V形织双桂花针，中间14针织领。

3. 袖：起56针织双罗纹，两侧按图示各留下一针边针收插肩，织好后与身片缝合，上面12针织帽耳。

5. 帽：将前片后片及袖的针穿起织花样，织帽，帽后中心为6针，其余为5针；织到帽高度平收，缝合帽顶，完成。

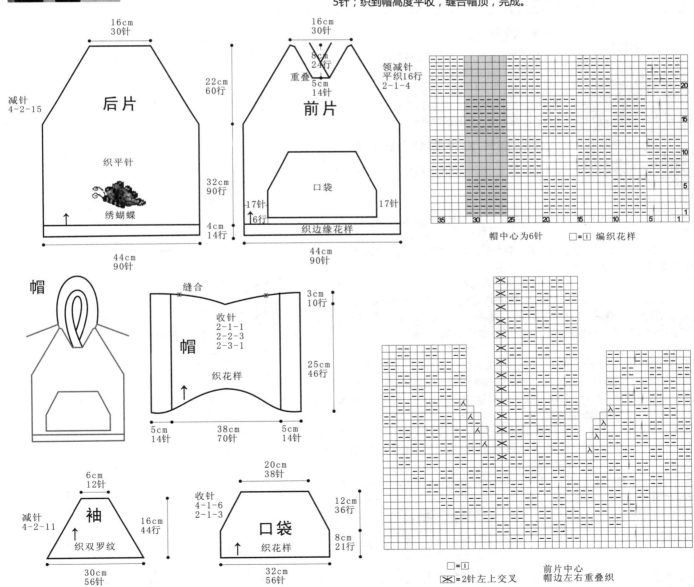

16cm
30针

16cm
30针

22cm
60行

领减针
平织16行
2-1-4

8cm
24行
重叠
5cm
14针

减针
4-2-15

后片

前片

织平针

绣蝴蝶

32cm
90行

口袋

17针
6行

17针

4cm
14行

织边缘花样

44cm
90针

44cm
90针

帽中心为6针   □=1 编织花样

帽

6cm
12针

缝合

收针
2-1-1
2-2-3
2-3-1

3cm
10行

帽

织花样

25cm
46行

5cm
14针

38cm
70针

5cm
14针

减针
4-2-11

袖

织双罗纹

16cm
44行

20cm
38针

收针
4-1-6
2-1-3

口袋

织花样

12cm
36行

8cm
21行

30cm
56针

32cm
56针

□=1
⊠=2针左上交叉

前片中心
帽边左右重叠织

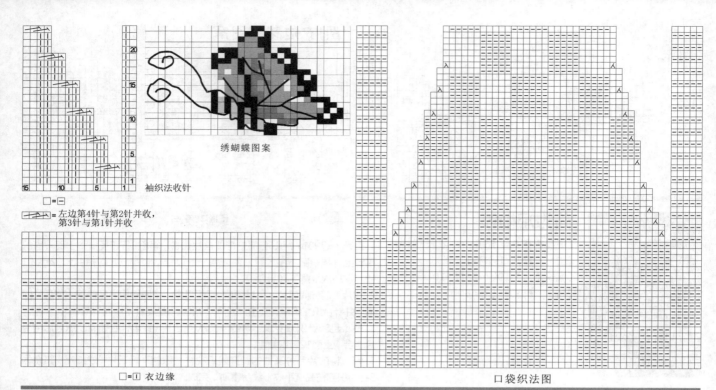

袖织法收针

□=□

⊢⊢⊢⊣ = 左边第4针与第2针并收，
　　　 第3针与第1针并收

□=① 衣边缘

口袋织法图

青翠短袖衫

【成品规格】胸宽40cm，衣长47cm，
　　　　　　袖长13cm，下摆宽40cm
【工　　具】10号棒针
【编织密度】18.5针×37.3行=10cm²
【材　　料】绿色纯棉线600g

前片/后片/袖片/领片制作说明

1. 棒针编织法，由前片1片、后片1片、袖片2片组成。从下往上织起。

2. 前片的编织。一片织成。
① 起针，下针起针法，起74针，编织花样A搓板针，不加减针，织10行的高度。
② 袖隆以下的编织。从第11行起，编织花样B双桂花针，不加减针编织92行的高度，至袖隆。此时织片织成102行的高度。
③ 袖隆以上的编织。从第103行起，两侧同时减针，每织4行减2针，共减14次，当织片织成12行时，将织片中间的18针收针，形成前胸开襟，两边各分成两片各自编织，开襟边不加减针，袖隆边继续减针，同步进行编织，直至最后余下1针，织成56行的袖隆高度，收针断线。用相同的方法编织另一边。

3. 后片的编织。下针起针法，起74针，编织花样A搓板针，不加减针，织10行的高度。从第11行起，全织花样B双桂花针，不加减针往上编织成92行的高度，至袖隆，然后从袖隆起减针，方法与前片相同。当袖隆以上织成56行时，将所有的针数收针。

4. 袖片的编织。短袖，袖片从袖口起织，下针起针法，起52针，编织花样B双桂花针，两边同时减针，每织4行减2针，减11次，最后余下8针，收针断线。用相同的方法去编织另一袖片。

5. 拼接，将前片的侧缝与后片的侧缝对应缝合，再将两袖片的袖山边线与衣身的袖隆边对应缝合。

符号说明：

□　　　上针　　　↑
□=① 　下针　　　编织方向
2-1-3 　行-针-次

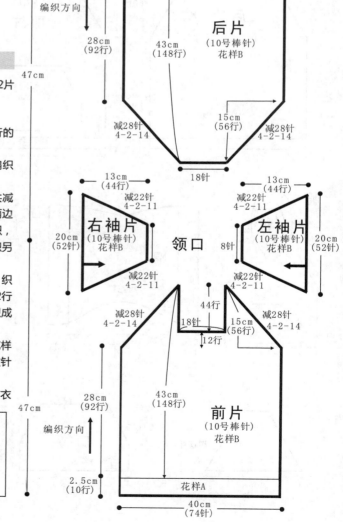

40cm
(74针)

2.5cm
(10行)　　　花样A

编织方向　↓

28cm
(92行)

47cm

43cm
(148行)

后片
(10号棒针)
花样B

减28针
4-2-14

15cm
(56行)

减28针
4-2-14

18针

13cm
(44行)　　　　　　　　　　　13cm
　　　　　　　　　　　　　　(44行)

减22针
4-2-11　　　　　　　　　　　减22针
　　　　　　　　　　　　　　4-2-11

右袖片
(10号棒针)
花样B

领口

左袖片
(10号棒针)
花样B

20cm
(52针)

8针

20cm
(52针)

减22针
4-2-11　　　　　　　　　　　减22针
　　　　　　　　　　　　　　4-2-11

减28针
4-2-14

18针

44行

15cm
(56行)

减28针
4-2-14

12行

28cm
(92行)

47cm

43cm
(148行)

前片
(10号棒针)
花样B

编织方向　↑

2.5cm
(10行)　　　花样A

40cm
(74针)

口袋 diagram

13cm（26针）

减8针 4-1-7 22-1-1   花样A

口袋（10号棒针）花样B

15cm（50行）

减8针 4-1-7 22-1-1   花样A

22cm（42针）

2cm（4针）   2cm（4针）

花样A（搓板针）

2针一花样

花样B（双桂花针）

帽片
（10号棒针）

9cm（20针）

减2-1-6

28cm（90行）

帽沿 花样A

帽体 花样B

41cm（130行）

23cm（78行）

12cm（26针）

13cm（42行）

4cm（10针）

帽片/口袋制作说明

1. 棒针编织法，先编织帽子，再编织帽沿及前开襟。

2. 起针，沿着前后衣领边，挑针起织花样B双桂花针，不加减针织78行的高度后，以中间的2针为中心，在这2针上进行减针，每织2行减1针，减6次。两边各余下20针，以中间的2针为中心对折，将两边对应缝合。

3. 前开襟与帽前沿作一片编织，起10针，来回编织，起织花样A搓板针，不加减针编织130行的高度后，收针断线，用相同的方法再编织另一段，将这两段织片与衣襟边和帽前沿，钩织一行逆短针进行缝合。将两段都缝合后，将位于帽顶的侧边也进行缝合。缝合线在帽内。

4. 下针起针法，起50针，分配花样，两边4针编织花样A搓板针，中间的42针全织花样B双桂花针，两边的花样A针数不变，在双桂花针花样的两边第1针上，进行减针编织，先织22行，进行第一次减针，减掉1针，然后每织4行减1针，减7次，织成50行高度的口袋，完成后，收针断线。将上下两侧边与衣身前片进行缝合。

气质长款大衣

【成品规格】胸围92cm，衣长81.5cm，
　　　　　　袖长50cm，背肩宽38cm
【工　　具】7号环形针
【材　　料】高兔绒线1250g

制作说明

1. 织后片。编织方向为从下往上，起91针，按花样图往上织24cm后，再分散减20针；待织到36cm后，在侧缝线上开始收袖隆，先平收4针，然后每2行减1针，减4次；从袖隆线往上织20cm后，开始收后领弧线。到肩部后，将针穿好，待用。

2. 先织右前片。编织方向为从下往上，起58针，按花样图往上织24cm（门襟侧22针按图示织2行上针2行下针，作为门襟），分散减去10针；在侧缝线旁开3针处，开始预留口袋线；待到36cm后，在侧缝线上开始收袖隆，先平收4针，然后每2行减1针，减4次；将肩上的针和后片合并。再织好对应的左前片。在左前片要预留出6个扣眼。

3. 织袖子。按图示从上往下织，起20针，采用花样编织，在袖山两旁按图示加针，到袖壮线时为76针；再按图示减针，最后织到袖长时袖口为50针。用相同的方法织好另一个袖子。分别合并袖下线，并安装好袖子。

4. 织衣领。分别将前片、后片的针数挑起，共77针，按针法图不加针往上织到合适高度后再平收针。

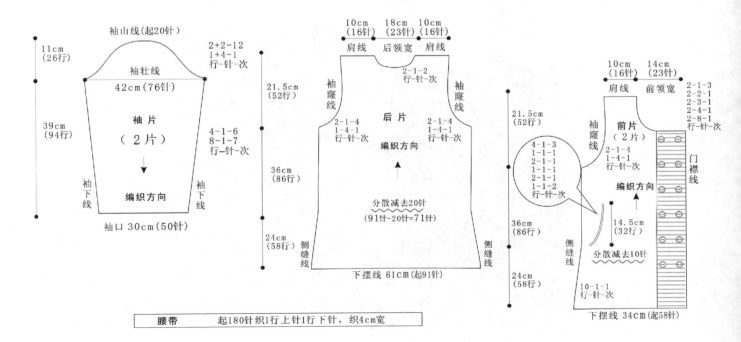

腰带　　起180针织1行上针1行下针，织4cm宽

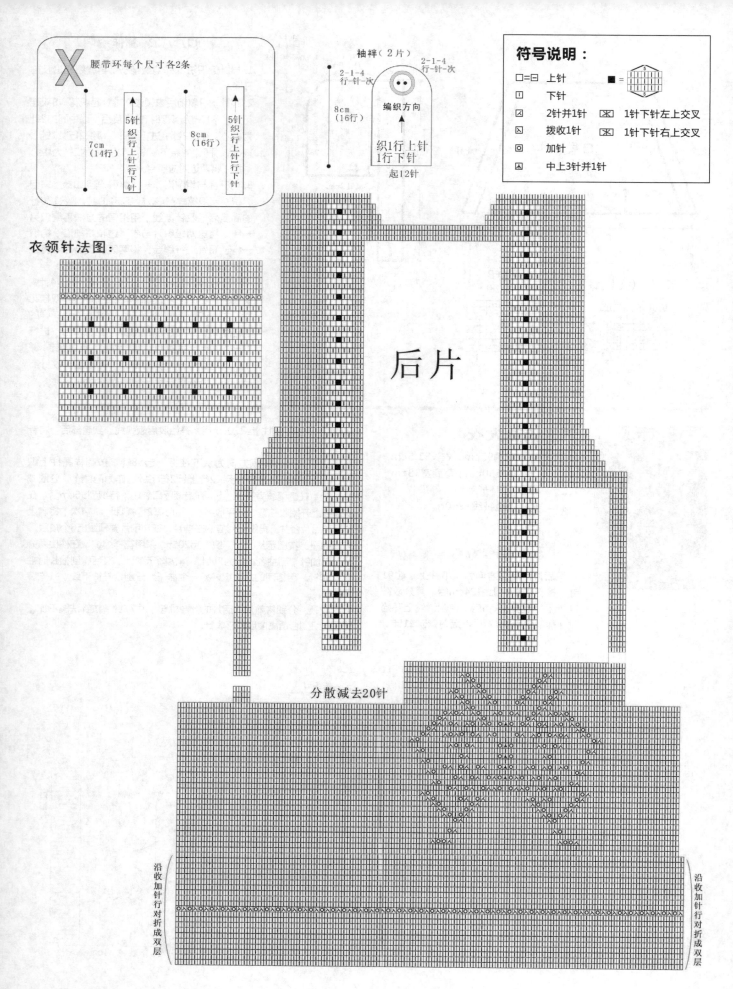

腰带环每个尺寸各2条

5针
织行上针行下针

7cm
(14行)

8cm
(16行)

5针
织行上针行下针

袖祥（2片）

2-1-4
行-针-次

2-1-4
行-针-次

8cm
(16行)

编织方向

织1行上针
1行下针

起12针

符号说明：

□=⊟   上针
1   下针
☒   2针并1针   ⊠   1针下针左上交叉
⊠   拨收1针   ⊠   1针下针右上交叉
◎   加针
⊠   中上3针并1针

■ =

衣领针法图：

后片

分散减去20针

沿收加针行对折成双层

沿收加针行对折成双层

可爱连身裙

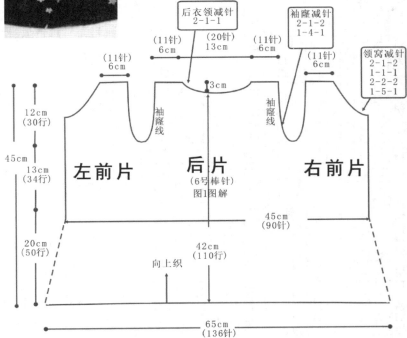

【成品规格】胸围80cm，衣长45cm，袖长26cm，肩宽25cm

【工　　具】6号棒针，环形针，缝衣针

【编织密度】20针×24行=10cm²

【材　　料】棕色羊毛线380g，白色羊毛线70g

后衣领减针
2-1-1

袖窿减针
2-1-2
1-4-1

领窝减针
2-1-2
1-1-1
2-2-2
1-5-1

(11针)
6cm

(20针)
13cm

(11针)
6cm

(11针)
6cm

3cm

(11针)
6cm

袖窿线

袖窿线

12cm
(30行)

45cm

13cm
(34行)

左前片

后片
(6号棒针)
图1图解

右前片

20cm
(50行)

向上织

42cm
(110行)

45cm
(90针)

65cm
(136针)

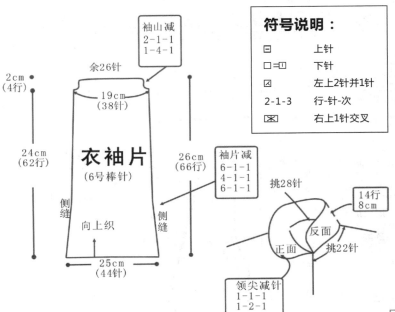

袖山减
2-1-1
1-4-1

余26针

符号说明：

符号	说明
⊟	上针
□ =□	下针
⊠	左上2针并1针
2-1-3	行-针-次
⊠	右上1针交叉

2cm
(4行)

19cm
(38针)

24cm
(62行)

衣袖片
(6号棒针)

26cm
(66行)

袖片减
6-1-1
4-1-1
6-1-1

侧缝

向上织

侧缝

25cm
(44针)

挑28针

14行
8cm

反面

正面

挑22针

领尖减针
1-1-1
1-2-1
1-1-1

腰带片
(6号棒针)
(图3图解)

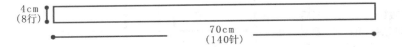

4cm
(8行)

70cm
(140针)

左前片/后片/右前片制作说明

1. 身片为圈织，从摆起针编织，往上编织至肩部。

2. 起136针圈织裙摆，裙摆有个内藏，编织方法是起136针后，编织6行下针，再织1行花样，即第7行是花样针，然后，从第8行起，同样编织6行下针后，从起针处挑针并针编织，将裙摆变成双层裙摆，然后从第9行起全部编织下针，共编织19cm后，即48行，按花样减针，共减少45针。20cm后，即50行，分出前片、后片并从第51行开始花样编织，详细编织图解见图解1。

3. 后片编织至84行时开始袖窿减针，方法顺序为1-4-1、2-1-1，后片的袖窿减少针数为6针。减针后，不加减针往上编织至肩部。

4. 前片从第51行开始花样编织，同时留山4针门襟，门襟边与前片同织，编织至84行时开始袖窿减针，方法顺序为1-4-1、2-1-1，前片的袖窿减少针数为6针。减针后，不加减针往上编织至肩部。第95行，编织出领口，衣领侧减针方法为2-1-2、1-1-1、2-2-2、1-5-1，最后两侧的针数余下11针，收针断线。

5. 整体完成后，在一侧前片钉上扣子。不钉扣子的一侧，要制作相应数目的扣眼，扣眼的编织方法为：在当行收起数针，在下1行重起这些针数，这些针数两侧正常编织。

衣袖片制作说明

1. 两片衣袖片，分别单独编织。

2. 从袖口起织，起42针编织花样，不加减针织6行后，两侧同时减针编织，减针方法为6-1-1、4-1-1、6-1-1，不加减针至62行。

3. 袖山的编织：不加减针织到62行时进行袖山减针，两侧同时减针，减针方法如图，依次为1-4-1、2-1-1，最后余下26针，直接收针断线。

4. 用同样的方法再编织另一衣袖片。

5. 将两袖片的袖山与衣身的袖窿线边对应缝合，再缝合袖片的侧缝。

图2衣领花样图解

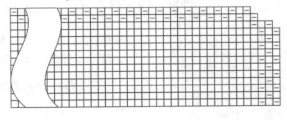

图3腰带花样图解

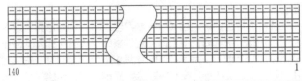

140

1

衣领制作说明

1. 前片、后片缝合好后沿着右前片挑针起织衣领。

2. 挑出的针数，要比衣领沿边的针数稍多些，共编织14行后，收针断线。详细编织图解见图解2。

图1身片花样图解

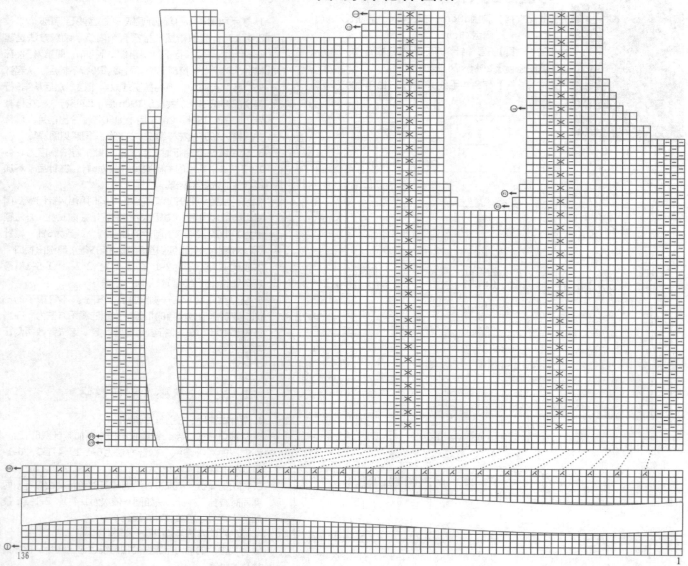

雅致燕尾衫

【成品规格】衣长64cm，胸宽38cm，肩宽33cm，无袖
【工　　具】10号棒针
【编织密度】19.5针×32行=10cm²
【材　　料】黑灰色腈纶线650g，黑色扣子七颗

前片/后片制作说明

1. 棒针编织法，用10号棒针。由前片两片、后片两片以及衣领组成，从下往上编织。
2. 前片的编织。由左前片和右前片组成，以右前片为例。

① 起针，下针起针法，起40针，衣身全织下针，即正面全织下针，返回时全织上针，不加减针织70行的高度时，制作袋口，从左向右算起14针，织完14针后，将接下来的16针收针，余下的10针继续织下针，返回时，先织完10针上针，接下来用单起针法，起16针，接上14针继续织上针，往上继续织下针花样，不加减针织成30行后，开始领边减针，从左算起2针，在第3针的位置上进行减针编织，每织8行减1针，减12次，至肩部，而侧缝织成134行时，至袖隆。

② 袖隆以上的编织。袖隆边减针，先平收6针，然后每织4行减1针，减2次，然后每织6行减1针，减4次，与领边减针同步进行，织成袖隆起70行后，至肩部，余下16针，收针断线。右前片在如图位置制作2个扣眼，方法为：在当行收起数针，在

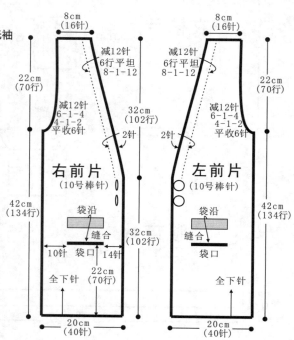

106

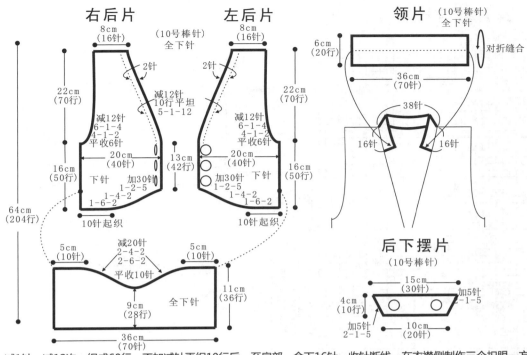

右后片　左后片　领片 (10号棒针) 全下针

8cm (16针)　(10号棒针) 全下针　8cm (16针)

6cm (20行)　对折缝合

2针　2针

36cm (70针)

22cm (70行)　减12针 10行平坦 5-1-12　减12针 6-1-4 4-1-2 平收6针　22cm (70行)

38针

减12针 6-1-4 4-1-2 平收6针

16针　16针

20cm (40针)　13cm (42行)　20cm (40针)

16cm (50行)　下针　加30针 1-2-5 1-4-2 1-6-2　加30针 1-2-5 1-4-2 1-6-2　下针　16cm (50行)

64cm (204行)　10针起织　10针起织

后下摆片 (10号棒针)

5cm (10针)　减20针 2-4-2 2-6-2　5cm (10针)

15cm (30针)

平收10针　11cm (36行)

加5针 2-1-5

9cm (28行)　全下针

4cm (10针)

加5针 2-1-5　10cm (20针)

36cm (70针)

减1针，减12次，织成60行，不加减针再织10行后，至肩部，余下16针，收针断线，在衣襟侧制作三个扣眼，方法与前片相同。

③ 用相同的方法，加减针方向不同，去制作左后片，但左后片不需要制作扣眼，在右后片的扣眼相对应的位置上，钉上三颗扣子。

4. 后下摆片的编织。下针起针法，起70针，正面全织下针，返回全织上针，不加减针织28行的高度后，开始从中间向两边分别减针，先将中间的10针收掉。然后两边分别减针，每织2行减6针，减2次，然后每织2行减4针，减2次。两边各余下10针，收针断线。制作一小块织片，起20针，全织下针花样，两边同时加针，每织2行加1针，加5次，织成10行，共30针，收针断线，将织片缝合后下摆片的中心位置，并在两边各钉上一颗扣子。

5. 拼接。将前后片的肩部对应缝合，将两侧缝对应缝合。后下摆片依照结构图中虚线所示的位置进行重叠缝合。

6. 领片的编织，领片单独编织，起70针，不加减针，正面下针，返回织上针，织20行的高度后，将首尾两行进行对折缝合，依照结构图中所分配的针数，将领片缝于衣领边上。衣服完成。

下一行重起这些针数，织法基本与口袋制作方法相似。

③ 用相同的方法去编织左前片，但左前片不需要制作扣眼，在右前片扣眼相对应的位置上，钉上两颗扣子。

3. 后片的编织。后片由三部分组成，由左后片、右后片和后下摆片组成，以右后片织法为例。

① 右后片的编织。下针起针法，起10针，侧缝不加减针，衣襟侧进行加针，每织1行减6针，加2次，然后每织1行加4针，加2次，接着每织1行加2针，加5次，加出30针，织片共40针，继续编织，不加减针再织42行后，至袖窿。

② 袖窿以上的编织。袖窿减针与前片相同，不再重复，而衣襟边进行衣领减针，在与前片相同的位置上，进行减针，每织5行

文静女孩套装

【成品规格】儿童外套身长25.5cm，肩宽25cm，裙长24cm

【工　　具】8号环形针

【材　　料】单股灰黑色扁带线500g，纽扣3颗

前片/后片制作说明

1. 棒针编织法，分为前片2片、后片1片和裙片1片编织。

2. 先编织后片，起58针织花样，按照图解的花样一层层编织，两侧无加减针，织至46行，从下1行起减针织袖窿，减针方法为1-3-1、2-1-4，然后不加减针织至67行，在第68行时，从中间取10针织上针花

样，第69行全织下针，71行至74行按照图解的针数改变花样，第75、76行从两侧各取11针编织，中间不织。后衣摆边要编织两个凸作流苏装饰，从中间向两侧算起，各取15针编织，共织6行，这15针两侧同时减针编织，减针方法为1-1-5，最后剩余5针。直接收针断线，并系上流苏。

3. 编织前片，前片分为两片编织，以右前片为例，起37针织花样，从左边算取5针织衣襟花样，不改变针数，从下往上织至肩部，余下的针数按照图解1的方法编织花样，右侧不加减针织至46行时，从下1行开始减针织袖窿，减针方法为1-3-1、2-1-4，衣襟这边，在5针衣襟的内侧，织至40行时，向右减针织衣领，减针方法为2-1-8、4-1-4，将针数最后减至11针，织片共织76行。用同样的方法再编织左前片，在每片的衣摆边，均匀系上两段流苏。

4. 衣裙片的编织，袖片织法简中，用圈织的方法，起114针，从下往上织，无加减针，编织两个相同的单面花样即可。

5. 缝合，将前片、后片的侧缝对应缝合，将肩部对应缝合。

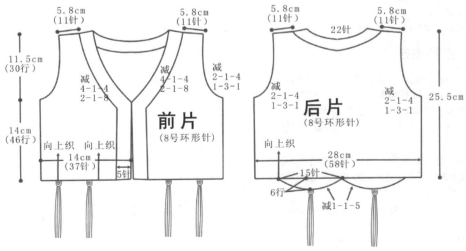

5.8cm (11针)　5.8cm (11针)　5.8cm (11针)　5.8cm (11针)

22针

11.5cm (30行)　减 4-1-4 2-1-8　减 4-1-4 2-1-8　减 2-1-4 1-3-1　减 2-1-4 1-3-1　减 2-1-4 1-3-1

前片 (8号环形针)　后片 (8号环形针)

14cm (46行)　向上织　向上织　向上织

14cm (37针)　5针

28cm (58针)　25.5cm

15针

6行

减1-1-5

107

身片花样图解

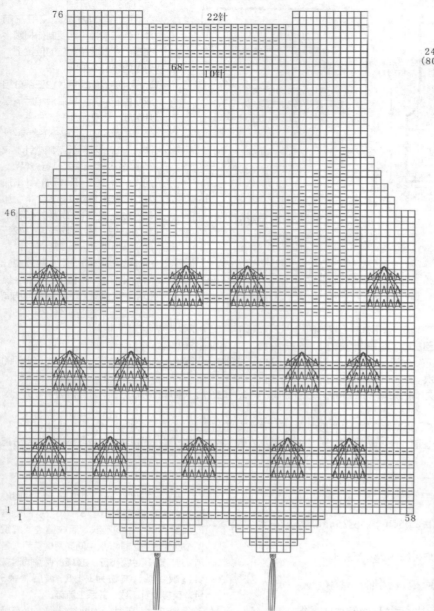

76

22针

68   10针

46

1   1   58

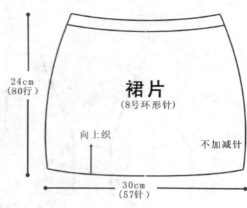

裙片
（8号环形针）

24cm
（80行）

向上织

不加减针

30cm
（57针）

流苏系法

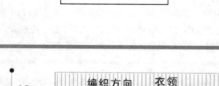

10cm
（22行）

编织方向   衣领
单罗纹针

49cm（94针）

8.5cm
（16针）

9cm
（17针）

肩线   前领宽

23cm
（46行）

袖隆线

2-1-7
1-6-1   前片

编织方向   单罗纹针

31cm
（64行）

侧缝线

（42针+5针=47针）
双罗纹针

下摆线24cm（起42针）

5cm
（12针）

休闲小马甲

【成品规格】胸围98cm，肩背宽38cm，衣长54cm

【工   具】4.5mm环形针

【材   料】双股兔毛线600g，纽扣5颗

制作说明

1. 织后片。编织方向为从下往上，先起84针，采用双罗纹针编织，再分散加10针；不加减针再采用花样编织到31cm高度后，在侧缝线处按图示开始收出袖隆弯度；从袖隆线往上织21.5cm后，再在后领处收出后领弧度。将双侧肩上的针穿好，留下，待和前片合并时用。

2. 织前片。编织方向为从下往上，起42针，采用双罗纹针编织，再分散加5针；再采用花样编织不加减针织到31cm高度后，在侧缝线处按图示开始收出袖隆弯变；在收袖隆的同时，在门襟侧不收针。双侧将肩上的针和后片合并。

3. 按图示在领圈前片挑出17针、后片挑出60针、前片17针（共94针），往上织10cm后平收。注意在左侧要平均预留3个扣眼。

4. 在袖圈，按图示从前往后挑出86针，往上织4行平收。口袋按结构图示编织。

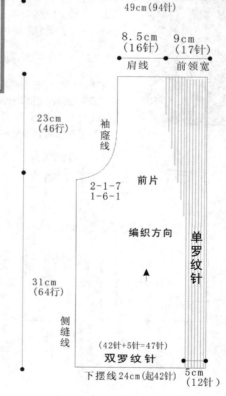

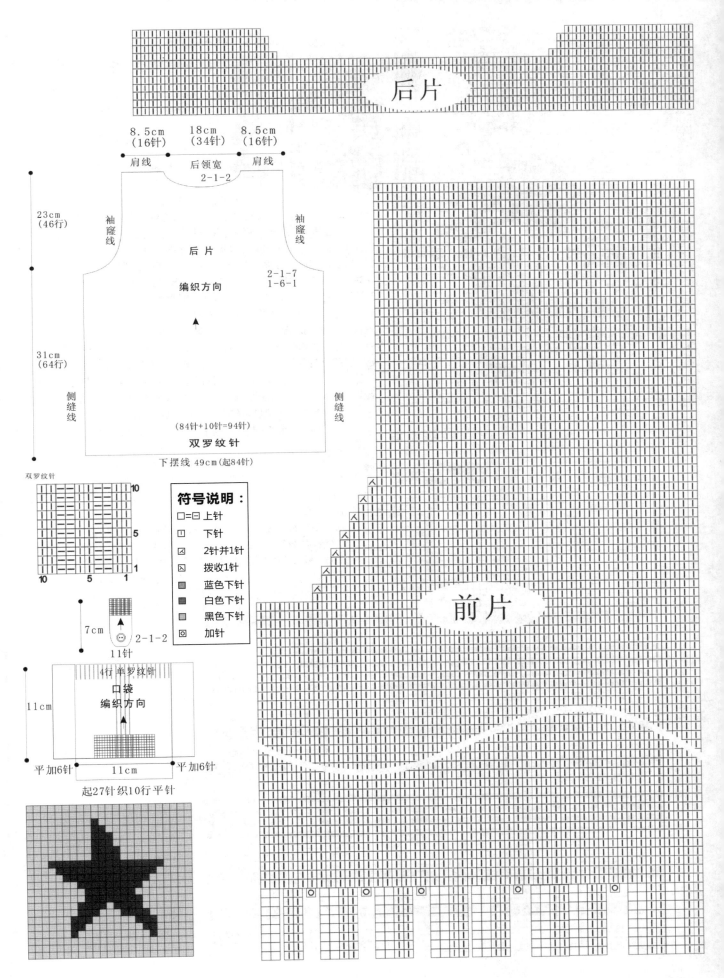

后片

8.5cm
（16针）
18cm
（34针）
8.5cm
（16针）

肩线　后领宽　肩线
　　　2-1-2

23cm
（46行）

袖
窿
线

后 片

编织方向

袖
窿
线

2-1-7
1-6-1

31cm
（64行）

侧
缝
线

侧
缝
线

（84针+10针=94针）
双罗纹针

下摆线 49cm（起84针）

双罗纹针

10

5

1

10　　5　　1

符号说明：

□=□ 上针
① 下针
☒ 2针并1针
☒ 拨收1针
■ 蓝色下针
■ 白色下针
■ 黑色下针
回 加针

7cm

11针

2-1-2

4行 单罗纹针

口袋
编织方向

11cm

平加6针

11cm

平加6针

起27针织10行平针

前 片

109

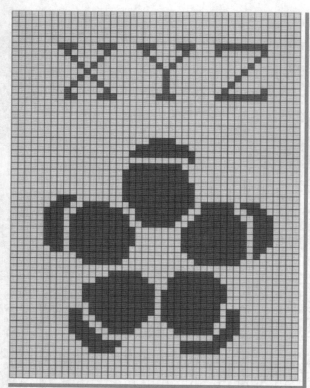

帅气小马甲

【成品规格】儿童外套身长46cm，衣宽43cm，无袖
【工　　具】8号环形针
【材　　料】单股灰黑色兔毛线350g，线号4509，
　　　　　　金属扣5个，白色毛线100g，纽扣5枚

制作说明

1. 棒针编织法，分为前片2片，后片1片，帽子1片编织。

2. 先编织后片，起72针编织双罗纹针，共织16行，第17行平均加10针，将针数加至82针继续编织，衣身全织下针，织至10行后，用白色线编织1个手形图案，织至78行，无加减针，从79行开始，两侧开始减针织袖隆边，减针方法为1-5-1、2-1-5，将针数减少至62针继续编织下针，织至124行后，从中间取24针不织，向两侧减针织后衣领边，减针方法为1-3-1、1-2-1，最后余下针数为14针，行数织至128行，直接收针断线。

3. 编织前片，前片分为2片编织，以右前片为例，起36针织双罗纹花样，共织16行，第17行平均加5针，将针数加至41针继续编织，衣身全织下针，按照图解1所示的配色方法编织，图中含有口袋编织，本款衣服的口袋属隐形口袋，即图中的第48行，然后用另一根棒针，于衣身后的衣身与衣摆相连接处，取28针编织下针，两侧往返编织时与衣身连接，无配色，织至48行时，前面口袋边缘收针，收起28针，后面作衣身继续往上编织，织至78行时，侧缝作减针编织，减针方法为1-5-1、2-1-5，将针数减少10针，即31针继续编织，两侧无加减针编织至128行，然后从袖边算起14针，收起14针后，断线，余下的针数作帽子继续编织，用同样的方法，但衣身的配色顺序不同。

4. 缝合，将前后片的侧缝对应缝合，将肩部对应缝合。

5. 衣帽的编织，沿着缝合好的衣领边，挑针编织衣帽，共挑76针编织，花样按照图解的方法编织，共织82行，最后收针断线。再将帽顶两侧对应缝合。

6. 最后沿着帽沿和衣襟，挑针织8行双罗纹针，收针断线。另在右前片的衣襟要编织5个扣眼，织法为在当行收起数针，在下一行重起这些针数。在扣眼的对侧衣襟上，对应缝上5枚纽扣。沿着两袖隆边，同样挑针起织8行双罗纹针。

花样图解

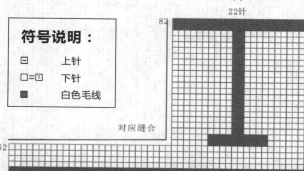

符号说明：

- ⊟　　上针
- □=⊡　　下针
- ■　　白色毛线

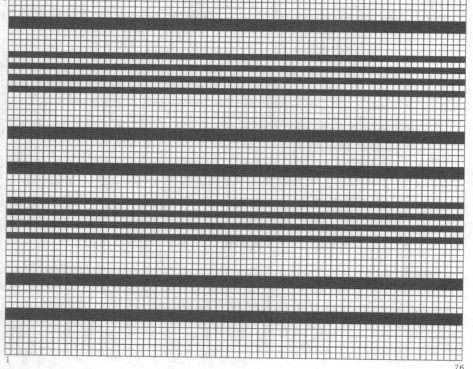

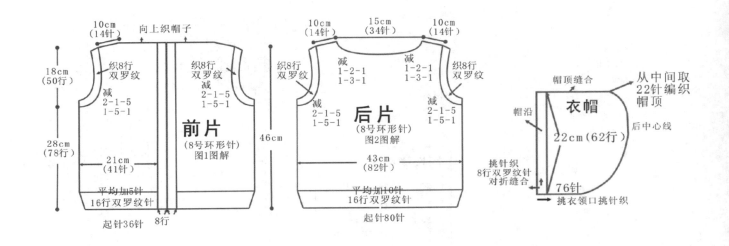

前片 图表

10cm（14针）　向上织帽子

18cm（50行）

织8行双罗纹　　织8行双罗纹减

减 2-1-5　1-5-1　　2-1-5　1-5-1

前片
（8号环形针）
图1图解

46cm

28cm（78行）

21cm（41针）

平均加5针
16行双罗纹针

起针36针　　8行

10cm（14针）　15cm（34针）　10cm（14针）

织8行双罗纹　　减 1-2-1　1-3-1　减 1-2-1　1-3-1　织8行双罗纹

减 2-1-5　1-5-1

后片
（8号环形针）
图2图解

减 2-1-5　1-5-1

43cm（82针）

平均加10针
16行双罗纹针

起针80针

帽顶缝合　　　从中间取22针编织帽顶

帽沿　　**衣帽**

22cm（62行）　　后中心线

挑针织
8行双罗纹针
对折缝合

76针

挑衣领口挑针织

休闲小外套

【成品规格】胸围99cm，肩背宽38cm，衣长59cm，袖长56cm
【工　　具】4.5号环形针
【材　　料】兔毛线850g

制作说明

1. 织后片。编织方向为从下往上，起85针，采用花样编织，在侧缝线处不加减针织到36cm后，按图示收出袖窿弯度；从袖窿线往上织21.5cm后，在后领处收出后领弧度。

2. 织前片。编织方向为从下往上，起43针，采用花样编织，织到合适高度后，旁开门襟线17针，开口袋，口袋平收22针。在下1行再平加22针；在侧缝线处，不加减针织到36cm后，按图示开始收出袖窿弯度；继续往上编织，前领不用收针，针数直接上姿风帽。然后再织好另一个对应的前片，将肩上的针和后片合并。

3. 织袖子。起34针，从上往下编织，在袖山两旁按图示加针，到袖壮线再按图示减针。然后用同样的方法织好另一个袖子。分别合并侧缝线和袖下线，并安装好袖子。

4. 织风帽。起94针，采用花样往上编织。不加减针织到26cm后，在帽角处按图示收针。最后将帽顶线合并好。

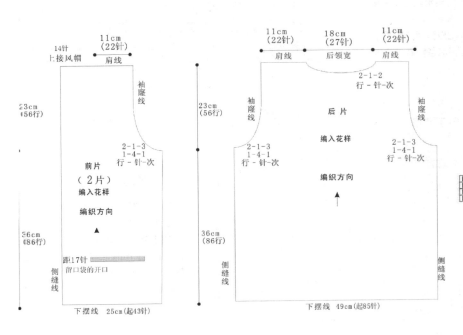

14针
上接风帽

11cm（22针）
肩线

23cm（56行）

袖窿线

2-1-3
1-4-1
行-针-次

前片
（2片）
编入花样
编织方向

36cm（86行）

距17针　留口袋的开口

侧缝线

下摆线　25cm（起43针）

11cm（22针）　18cm（27针）　11cm（22针）

肩线　　后领宽　　肩线

2-1-2
行-针-次

23cm（56行）

袖窿线　　　　　　　袖窿线

2-1-3
1-4-1
行-针-次

后片
编入花样
编织方向

2-1-3
1-4-1
行-针-次

36cm（86行）

侧缝线

下摆线　49cm（起85针）

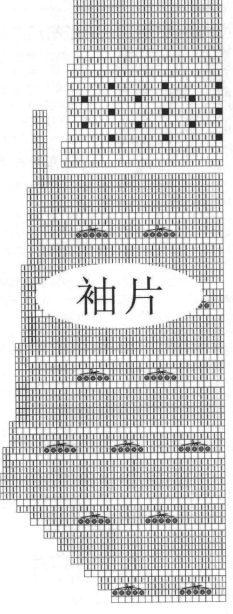

袖片

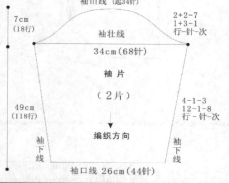

合并

帽子
编入花样

编织方向

减针
2-3-3
2-1-5

不加减

帽沿高30cm（72行）

26cm（62行）

46cm（起94针）

袖山线（起34针）

7cm
（18行）

袖壮线

34cm（68针）

2+2-7
1+3-1
行-针-次

袖片
（2片）

编织方向

49cm
（118行）

4-1-3
12-1-8
行-针-次

袖下线

袖下线

袖口线 26cm（44针）

可爱斑点无袖装

【成品规格】胸围36cm，肩宽25cm，
衣长46cm

【工　具】7号棒针，缝衣针

【编织密度】21针×25.5行=10cm²

【材　料】蓝色羊毛线400g，
黄色毛线30g

前身片制作说明

1. 前片分为2片编织，左片和右片各1片，从衣摆起针编织，往上编织至肩部。

2. 起38针配色编织前片，配色时要注意只有编织菊花时用黄色线，共编织30cm后，即75行，从第76行开始袖窿减针，方法顺序为1-4-1、2-2-3、2-1-2，前片的袖窿减少针数为12针。减针后，不加减针往上编织至肩部。

3. 用同样的方法再编织另一前片，完成后，将两前片的侧缝与后片的侧缝对应缝合，肩部对应缝合10针。留出领窝针，连接继续编织帽子，可用防解别针锁住，领窝不加减针。

4. 在一侧前片钉上扣子。不钉扣子的一侧，要制作相应数目的扣眼，扣眼的编织方法为：在当行收起数针，在下1行重起这些针数，这些针数两侧正常编织。

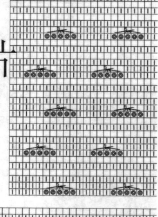

前片

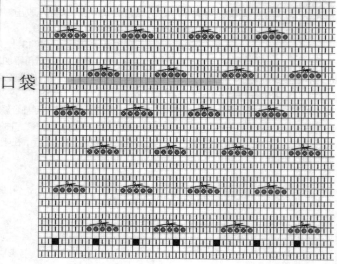

口袋

帽片
（7号棒针）

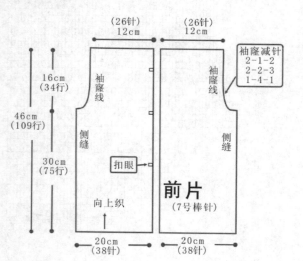

（26针）
12cm

（26针）
12cm

袖窿减针
2-1-2
2-2-3
1-4-1

16cm
（34行）

袖窿线

袖窿线

46cm
（109行）

侧缝

侧缝

30cm
（75行）

扣眼

前片
（7号棒针）

向上织

20cm
（38针）

20cm
（38针）

缝合线

24cm
（59行）

38cm
（挑59针）

帽子制作说明

1. 1片编织完成。先缝合完成肩部后再起针挑织帽片。

2. 挑59针按图3花样配色编织24cm×38cm的长方形，共编织59行后，收针断线。

3. 帽顶对折，沿边缝合。

112

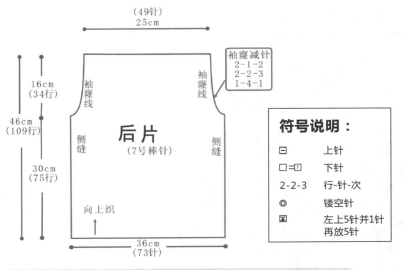

(49针) 25cm

16cm (34行)

46cm (109行)

30cm (75行)

袖窿线 / 侧缝

后片
(7号棒针)

侧缝 / 袖窿线

向上织

36cm (73针)

袖窿减针
2-1-2
2-2-3
1-4-1

符号说明：

⊟	上针
□=⊡	下针
2-2-3	行-针-次
◎	镂空针
⊠	左上5针并1针 再放5针

后片制作说明

1. 后片为1片编织，从衣摆起针编织，往上编织至肩部。

2. 起73针配色编织后片，配色时要注意只有编织菊花时用黄色线，其余编织均用蓝色线。共编织30cm后，即75行，从第76行开始袖窿减针，方法顺序为1-4-1、2-2-3、2-1-2，后片的袖窿减少针数为12针。减针后，不加减针往上编织至肩部。

3. 完成后，将后片的侧缝与前片的侧缝对应缝合，肩部对应缝合10针。留出领窝针，连接继续编织帽子，可用防解别针锁住，领窝不加减针。

休闲长袖外套

【成品规格】衣长61cm，胸宽47cm，袖长70cm，下摆宽47cm

【工　　具】10号棒针

【编织密度】20针×27行=10cm²

【材　　料】黑灰色纯棉线500g，白色纯棉线50g，扣子9颗

前片/后片/袖片制作说明

1. 棒针编织法，由前片2片、后片1片、袖片2片组成。从下往上织起，衣摆和袖口用黑灰色与白色搭配编织。

2. 前片的编织。由右前片和左前片组成，以右前片为例。

① 起针，用黑灰色线，单罗纹起针法，起49针，编织花样A中的单罗纹针，依照图解配色，不加减针，织18行的高度。

② 袖窿以下的编织。从第19行起，全用黑灰色线，依照花样A图解进行编织，不加减针，织至30行时，将织片分成两半，从左向右，起37针作为一半，余下的12针用作另一半，中间开口制作袋口，37针织片部分，左侧衣襟不加减针，右侧进行减针，每织4行减1针，减8次，而12针织片部分，右侧衣襟不加减针，左侧减针，每织4行减1针，减8次。织成32行后，将两织片并为1片，共49针，继续编织，织片成100行时，完成至袖窿的编织。

③ 袖窿以上的编织。从第101行起，右侧减针，往上编织，每织2行减1针，共减32次，减针位置参照花样A，衣襟侧织成136行时，进行衣领减针，先平收8针，然后每织2行减1针，减6次。与袖窿减针同步进行，织至余下1针，收针断线。

④ 用相同的方法，相同的配色线编织，相反的减针方向去编织左前片。

符号说明：

⊐	上针
□=⊡	下针
2-1-3	行-针-次
↑	编织方向
⊠	右上2针与左下1针交叉

3. 后片的编织。后片的衣摆配色编织顺序与前片完全相同，以下不重复说明，单罗纹起针法，起96针，编织花样A单罗纹针，不加减针，织14行的高度。然后从第15行起，编织花样B图解，不加减针往上编织成86行的高度，至袖窿，然后从袖窿起减针，方法与前片相同。经减针织成64行后，余下32针，收针断线。

4. 袖片的编织。单罗纹起针法，起48针，依照花样C进行配色编织，不加减针织成18行的高度后，往上全用黑灰色线编织，从第19行起，先编织10行三罗纹花样，余下的全织花样B图解。袖侧缝同时加针编织，每织6行加1针，加14次，不加减再织16行后，至袖窿，袖身花样织成88行时，织片的中间11针，改织花样D棒绞花样，两边继续花样B编织。从袖山起减针，两边同时减针，每织2行减1针，减32次，织成64行，余下13针，收针断线。

5. 拼接，将袖片的侧缝分别与前片、后片的侧缝对应缝合。

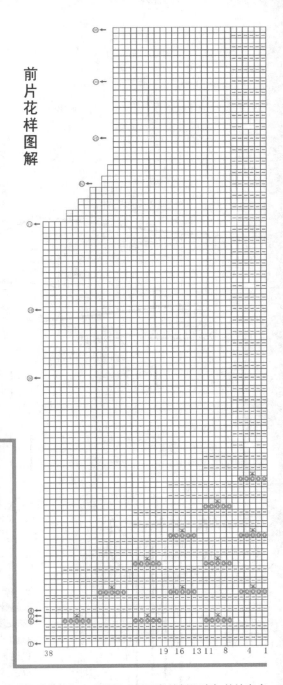

38 ... 19 16 13 11 8 ... 4 1

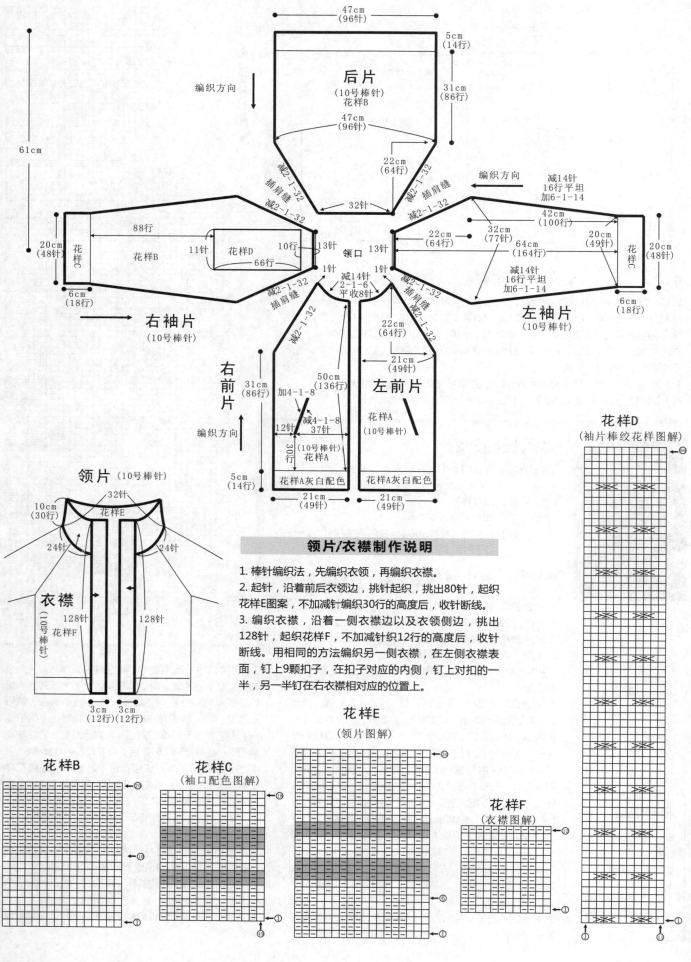

47cm
(96针)

编织方向

后片
(10号棒针)
花样B

47cm
(96针)

5cm
(14行)

31cm
(86行)

22cm
(64行)

减2-1-32
插肩缝
减2-1-32

32针

编织方向

减14针
16行平坦
加6-1-14

42cm
(100行)

32cm
(77针)

20cm
(49针)

减2-1-32
插肩缝

22cm
(64行)

64cm
(164行)

20cm
(48针)

花样C

61cm

20cm
(48针)

花样C

88行

花样B

11针

花样D

10行

66行

13针

领口

13针

22cm
(64行)

64cm
(164行)

减14针
16行平坦
加6-1-14

6cm
(18行)

右袖片
(10号棒针)

1针

减2-1-32
插肩缝

减14针
2-1-6
平收8针

1针

减2-1-32
插肩缝

22cm
(64行)

左袖片
(10号棒针)

6cm
(18行)

减2-1-32

21cm
(49针)

右前片

31cm
(86行)

编织方向

50cm
(136行)

加4-1-8

减4-1-8
37针

12针

30行

(10号棒针)
花样A

左前片

花样A
(10号棒针)

花样D
(袖片棒绞花样图解)

领片(10号棒针)

10cm
(30行)

32针

花样E

24针

24针

衣襟

(10号棒针)
128针
花样F

128针

3cm
(12行)

3cm
(12行)

5cm
(14行)

花样A灰白配色

花样A灰白配色

21cm
(49针)

21cm
(49针)

领片/衣襟制作说明

1. 棒针编织法，先编织衣领，再编织衣襟。
2. 起针，沿着前后衣领边，挑针起织，挑出80针，起织花样E图案，不加减针编织30行的高度后，收针断线。
3. 编织衣襟，沿着一侧衣襟边以及衣领侧边，挑出128针，起织花样F，不加减针织12行的高度后，收针断线。用相同的方法编织另一侧衣襟，在左侧衣襟表面，钉上9颗扣子，在扣子对应的内侧，钉上对扣的一半，另一半钉在右衣襟相对应的位置上。

花样E
(领片图解)

花样B

花样C
(袖口配色图解)

花样F
(衣襟图解)

114

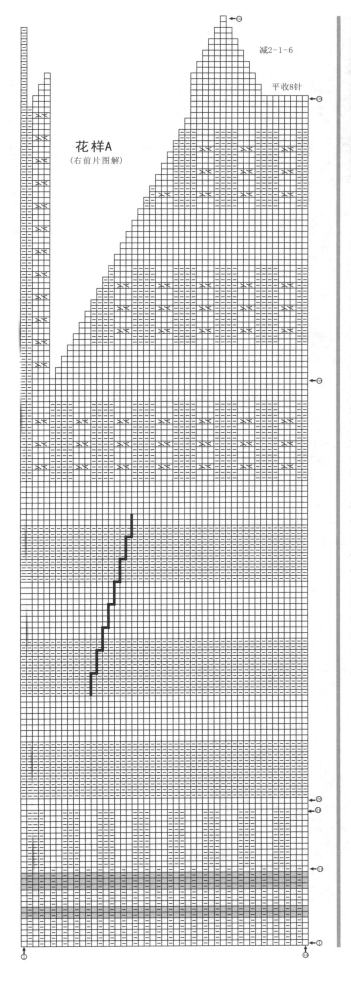

花样A
（右前片图解）

减2-1-6

平收8针

个性两件套

【成品规格】裙子宽32cm，长24.5cm，
　　　　　　小坎肩宽40cm，高14cm
【工　　具】8号棒针、8号环形针、2.5号钩针、
　　　　　　缝衣针
【编织密度】21针×33.5行=10cm²
【材　　料】灰色粗羊毛线400g，纽扣16粒，
　　　　　　按扣三对

裙身片制作说明

1. 裙身片前、后片一起编织。衣身片分两部分编织，从下往上编织18.5cm后，收针断线。上面腰部为横向编织，编织完后缝在裙身片上，左、右两片裙襟另处起织，编织好后缝在相应部位。

2. 裙身片用灰色粗羊毛线8号环形针起134针按花样A、花样B（前、后片正中间各7针）和花样E（前、后片两侧各2针）起织，先为一片编织，编织21行后，如花样A所示，从正中间对折，下一行将两行并为一行编织，使裙摆形成狗牙边，花样B为两根鱼骨与三针上针相间，花样C为一根鱼骨与二针上针相间。往上编织下针，前、后片正中间各7针及两侧各2针继续按花样编织。编织13行后，下一行将前、后片串为圈织。继续往上编织，前、后片两侧及后片花样B两侧减针编织，减针方法顺序为36-1-1、16-1-1、6-1-1，编织至38行时，前片正中间花样B7针及两侧2针，即正中间的11针，收针断线，裙襟另外起织。从下一行起又为一片编织。编织至58行时，针数为105针，往上不加减针编织至61行时，编织前片的右边裙襟侧8针时，将假口袋上面8针与之编织上针并为一体，并在前片左边裙襟侧8针也对应编织上针。最后编织一行下针，收针断线，完成裙襟下部分的编织。继续将假口袋的另外边用缝衣针缝上裙片上（假口袋的编织方法见花样F，最后剩余8针用防解别针锁住，将其余边用钩针钩一圈逆短针）。详细编织花样见花样A、花样B、花样E及花样F。

3. 裙片腰部用灰色粗羊毛线8号棒针起16针按花样D绞花变化花样编织，花样编织14层花样后，收针断线。将此片用缝衣针缝在裙身片下部分，形成一体，最后在14层花样上针所形成的窝内缝上纽扣。详细编织花样见花样D。

4. 裙襟边用灰色粗羊毛线8号棒针起10针按花样C（搓板针）起织，共编织44行（即13cm）后，收针断线。用相同方法编织另一边裙襟边。将两片裙襟边用缝衣针缝在前裙片左、右相应部位。最后在左、右两侧压上按扣。按图示要求，要制作相应数目的扣眼，扣眼的编织方法为，在当行收起数针，在下一行重起这些针数，这些针数两侧正常编织。详细编织花样见花样C。

5. 用缝衣针用灰色粗羊线在前片假口袋上绣上花儿花样；在前片左下部绣上波浪花样；在后片图示地方用黑色毛线绣上一大一小两个假口袋花样。

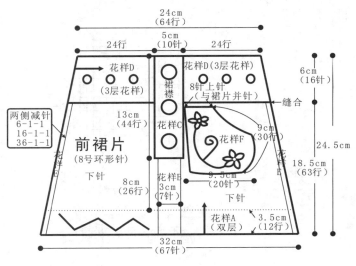

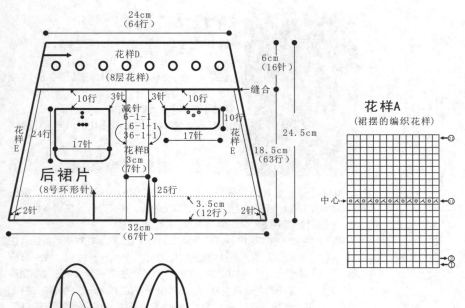

24cm（64行）

花样D（8层花样）

6cm（16针）

缝合

10行　3针　3针　10行

24.5cm

减针（6-1-1）（6-1-1）（36-1-1）

花样E

17针

减针

花样B 3cm（7针）

17针

花样E

后裙片（8号环形针）

18.5cm（63行）

25行

2针

3.5cm（12行）

2针

32cm（67针）

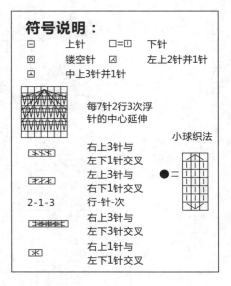

符号说明：

｜ 上针　□＝□ 下针

回 镂空针　☒ 左上2针并1针

中上3针并1针

每7针2行3次浮针的中心延伸

小球织法

右上3针与左下1针交叉

右上3针与右下1针交叉

2-1-3 行-针-次

右上3针与左下3针交叉

右上1针与左下1针交叉

●＝

花样A（裙摆的编织花样）

中心

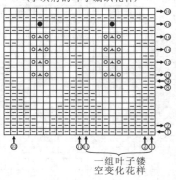

花样G（小坎肩的叶子编织花样）

一组叶子镂空变化花样

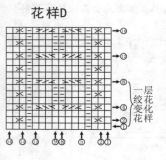

60cm（216行）

花样J 6cm 13针

7cm（24行）

吊肩带（8号棒针）

吊肩带制作说明

1. 吊肩带从后裙片正中间挑针起织，一直编织至顶部。

2. 用灰色粗羊毛线8号棒针从后裙片中间挑13针按花样J起织，花样J为两6绞花花样与一针上针相间，往上编织4层花样后，将中间一针上针收针，左右两绞花花样继续往上编织，现分为了两肩带编织。共编织36层花样，即216行（即60cm）后，收针断线。两肩带与前片可以扣扣子连接，但需在两肩带相应部位开扣眼，扣眼的编织方法为，在当行收起数针，在下一行重起这些针数，这些针数两侧正常编织。最后在前片内部相应部位缝上扣子。详细编织花样见花样J。

花样J（裙子背带编织花样）

分为两片

一层绞花变化花样

一组绞花变化花样

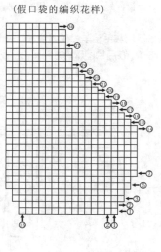

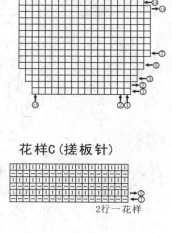

花样D

一层绞花变化花样

花样F（假口袋的编织花样）

花样H（小坎肩的背部编织花样）

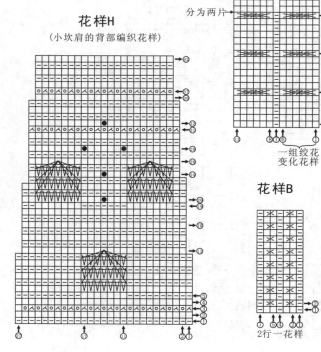

花样E

花样C（搓板针）

2行一花样

2行一花样

花样B

2行一花样

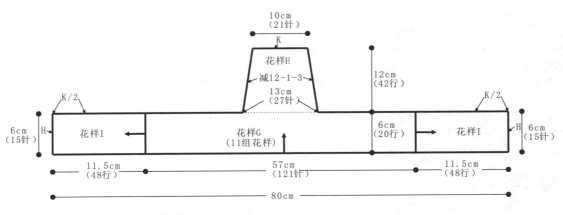

花样I

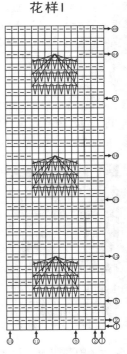

小坎肩制作说明

1. 小坎肩用灰色粗羊毛线8号棒针起121针按花样G叶子镂空花样起织，花样G为11针一组花样，共排11组花样。编织20行后，从中间留出27针不织，其余针收针断线。27针往上继续编织，按花样H编织，并两侧减针，减针方法顺序为12-1-3，编织至36行后，剩余21针，不加减

针往上编织6行后，收针断线。注意小球的编织，1针内加出3针，来回编5行后，再收回1针，形成小球。详细编织花样见花样G及花样H。

2. 沿花样G两端挑针起织，挑15针，按花样I进行花样编织，编织48行后，收针断线。

3. 如图所示，将H边与H边对应缝合，最后将K边与两K/2边对应缝合。

柔美小马甲

【成品规格】衣长40cm，半胸围36cm，肩宽30cm
【工　　具】12号棒针
【编织密度】20针×28行＝10cm²
【材　　料】粉红色棉线350g

前片/后片制作说明

1. 棒针编织法，衣服分为左前片、右前片和后片分别编织而成。

2. 起织后片，下针起针法起73针，先织2行花样A，即搓板针，然后改织花样B，每12针为一组花样，起织1针下针，共织6组花样，重复往上编织至42行后，从第43行起，两侧开始袖隆减针，方法为1-2-1、2-1-4，两侧各减6针，余下61针不加减往上编织，织至108行，第109行中间留取33针不织，用防解别针扣住留待编织帽子，两侧减针编织，方法为2-1-2，两侧各减2针，最后两肩部各余下12针，收针断线。

3. 起织左前片，左前片的右侧为衣襟侧，下针起针法起37针，先织2行花样A，即搓板针，然后改织花样B、花样

花样B

花样C

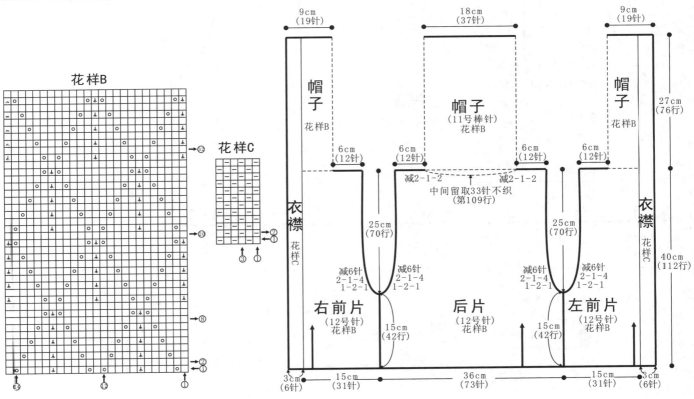

117

C组合编织，花样B每12针为一组花样，先织6针花样C，然后织2.5组花样B，最后织1针下针，重复往上编织至42行后，从第43行起，左侧开始袖窿减针，方法为1-2-1、2-1-4，共减6针，余下31针不加减针往上编织，织至112行，右侧留取19针，用防解别针扣住留待编织帽子，左侧收针12针，断线。
4. 用相同方法往相反方向编织右前片，完成后将左右前片分别与后片的侧缝缝合，肩缝缝合。
5. 编织帽子。沿领口挑针起织，挑起75针，织片两侧各织6针花样C作为帽襟，中间织63针花样B，织76行后，收针，将帽顶缝合。

花样A
（搓板针）

甜美小套裙

【成品规格】衣长30cm，胸宽26cm，袖长3.6cm
【工　　具】10号棒针及环形针
【编织密度】20.3针×33.3行＝10cm²
【材　　料】淡粉色纯棉线600g

前片/后片/袖片/裙片制作说明

1. 棒针编织法，由上衣和裙片组成，上衣的袖窿以下由一片编织而成，袖窿以上分成左前片、右前片、后片各自编织，再进行肩部缝合。均从下往上编织。

2. 上衣的编织。袖窿以下一片编织而成，织片较大，用10号环形针编织。
① 起针，下针起针法，起120针，编织花样A搓板针，不加减针，织4行的高度。
② 袖窿以下的编织。从第5行起，编织花样B中的花a，由10组花a分配织成，共织2层，织成20行，往上全织下针花样，不加减针，织至袖窿，共织成54行的织片高度。
③ 袖窿以上的编织。从第55行起，分成左前片、右前片、后片各自编织，左前片与右前片的针数为30针，后片的针数为60针。先编织后片。
a. 后片的编织。两侧同时减针，先平收3针，然后每织2行减1针，共减1次，当织

片织成46行时，将织片中间的24针收针，两边相反方向减针，每织2行减1针，减2次，两边肩部余下12针，收针断线。根据花样D蝴蝶结的图解，制作一只蝴蝶结，缝于后片中间位置。
b. 以右前片为例。针数为30针，左侧进行袖窿减针，平收3针，然后织2行减1针，减1次。衣襟同步减针，先是每织2行减1针，减5次，然后每织4行减1针，减9次，不加减针再织4行后，至肩部，余下12针，收针断线。用相同的方法去编织左前片。
3. 裙的编织。织法简单，从裙摆起织，起168针，首尾连接，进行环织，根据花样C给出的图解，进行花样和减针编织变化后，织成100行的裙片高度，余下164针，收针断线。然后根据蝴蝶结的图解花样D，编织2只蝴蝶结，缝于上针三角花样的长边边上。
4. 袖片的编织。小短袖，袖片从袖口起织，下针起针法，起40针，编织花样E单桂花针，两边同时减针，每织2行减2针，减3次，每织2行减1针，减2次，不加减针再织2行后，余下4针，收针断线。用相同的方法去编织另一袖片。
5. 拼接，两袖片的袖山边线与衣身的袖窿边对应缝合。

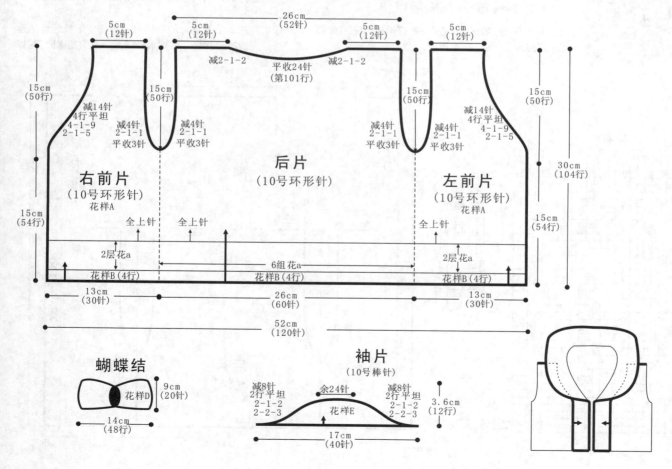

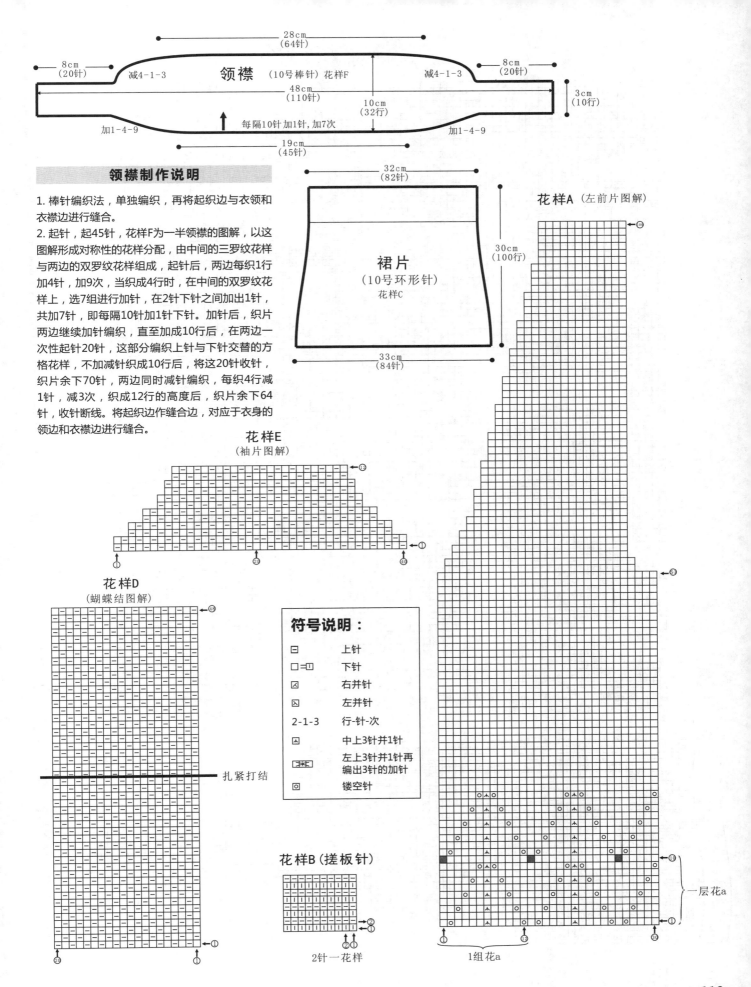

领襟制作说明

1. 棒针编织法，单独编织，再将起织边与衣领和衣襟边进行缝合。

2. 起针，起45针，花样F为一半领襟的图解，以这图解形成对称性的花样分配，由中间的三罗纹花样与两边的双罗纹花样组成，起针后，两边每织1行加4针，加9次，当织成4行时，在中间的双罗纹花样上，选7组进行加针，在2针下针之间加出1针，共加7针，即每隔10针加1针下针。加针后，织片两边继续加针编织，直至加成10行后，在两边一次性起针20针，这部分编织上针与下针交替的方格花样，不加减针织成10行后，将这20针收针，织片余下70针，两边同时减针编织，每织4行减1针，减3次，织成12行的高度后，织片余下64针，收针断线。将起织边作缝合边，对应于衣身的领边和衣襟边进行缝合。

领襟 (10号棒针) 花样F

28cm (64针)
8cm (20针)
减4-1-3
48cm (110针)
减4-1-3
8cm (20针)
3cm (10行)
10cm (32行)
加1-4-9
每隔10针加1针，加7次
加1-4-9
19cm (45针)

裙片
(10号环形针)
花样C

32cm (82针)
30cm (100行)
33cm (84针)

花样A (左前片图解)

花样E
(袖片图解)

花样D
(蝴蝶结图解)

扎紧打结

花样B (搓板针)

2针一花样

符号说明：

符号	说明
⊟	上针
□ =	下针
☑	右并针
☒	左并针
2-1-3	行-针-次
⬛	中上3针并1针
⬛	左上3针并1针再编出3针的加针
⊙	镂空针

一层花a

1组花a

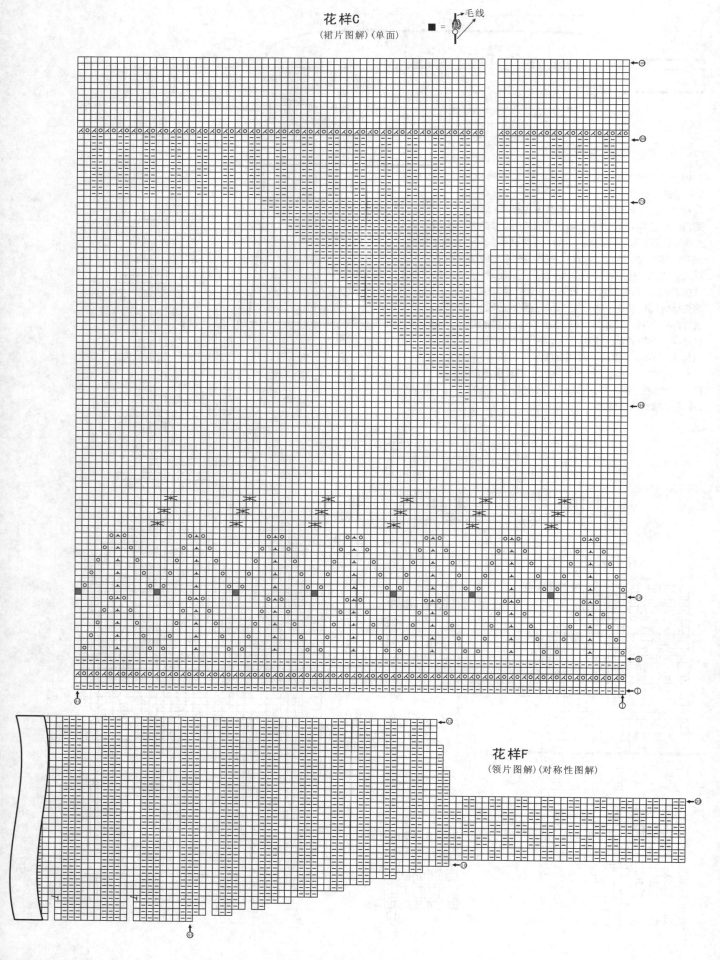

花样C
（裙片图解）（单面）

■ = 毛线

花样F
（领片图解）（对称性图解）

120

个性镂空帽

【成品规格】帽围44cm，帽高27cm
【工　　具】9号棒针
【编织密度】27针×33行＝10cm²
【材　　料】灰色羊毛线150g

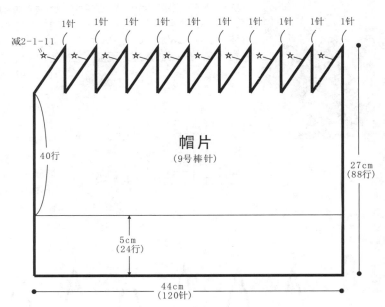

减2-1-11

1针　1针　1针　1针　1针　1针　1针　1针　1针　1针

帽片
(9号棒针)

40行

27cm
(88行)

5cm
(24行)

44cm
(120针)

花样A
(帽子一半图解)

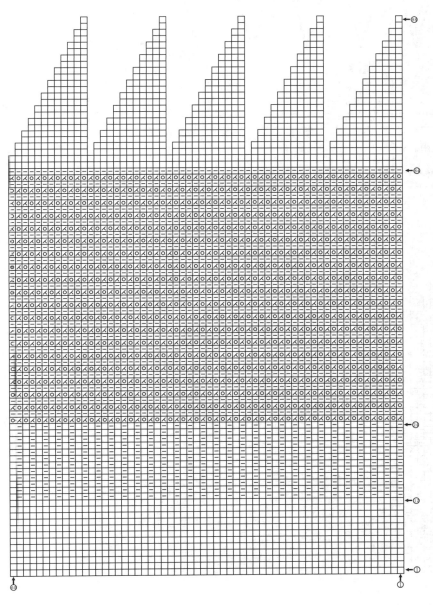

帽子制作说明

1. 棒针编织法。由帽沿起织，至帽顶收针。
2. 先编织帽沿，下针起针法，起120针，首尾连接，环织，起织花样A，不加减针织成64行的高度后，将120针分成10等份进行减针，每等份12针，在左侧进行减针，每织2行减1针，减9次，织成22行，最后余下10针，收紧为1针，将尾线藏于帽内。

符号说明：

⊟	上针
□ =⊡	下针
⊠	右并针
⊠	左并针
2-1-3	行-针-次
▣	镂空针
↑	编织方向

咖啡色端庄圆帽

【成品规格】帽围50cm，帽高24cm
【工　　具】9号棒针
【编织密度】18针×30行=10cm²
【材　　料】棕色腈纶线150g

帽子制作说明

1. 棒针编织法。从帽沿起织，至帽顶收针。
2. 帽沿起织，双罗纹起针法，起120针，首尾连接，环织。起织花样A双罗纹针，不加减针织22行的帽沿高度后，在最后一行里，将2针上针并为1针，帽片针数余下90针继续编织。编织花样B，共10组棒绞花样，织22行后，开始分散减针，分成9针一组进行减针，在第22行减1针，再织10行后，减第2针，然后织2行减1针，依此顺序，每织4行减1针，减2次，每织2行减1针，减2次，最后每织4行减1针，减1次，最后每组针数余下1针，帽子共余下10针，将10针收为1针，将尾线藏于帽内，帽子完成。

符号说明：

符号	说明
□	上针
□=□	下针
	右上2针与左下1针交叉
2-1-3	行-针-次
↑	编织方向
	2针交叉
	左上2针与右下2针交叉

花样A（双罗纹）

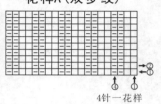

4针一花样

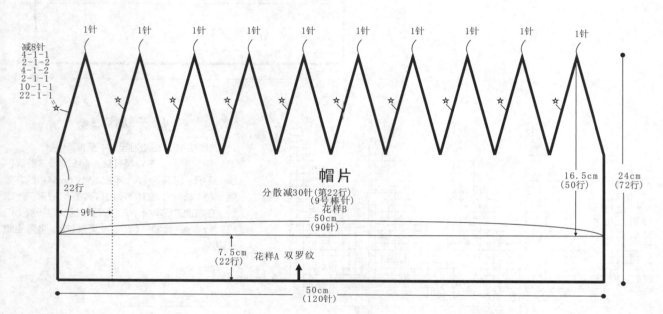

减8针
4-1-1
2-1-2
4-1-2
2-1-1
10-1-1
22-1-1

1针 1针 1针 1针 1针 1针 1针 1针 1针 1针

帽片

16.5cm（50行） 24cm（72行）

22行

9针

分散减30针（第22行）
（9号棒针）
花样B
50cm
（90针）

7.5cm（22行）　花样A 双罗纹

50cm（120针）

花样B

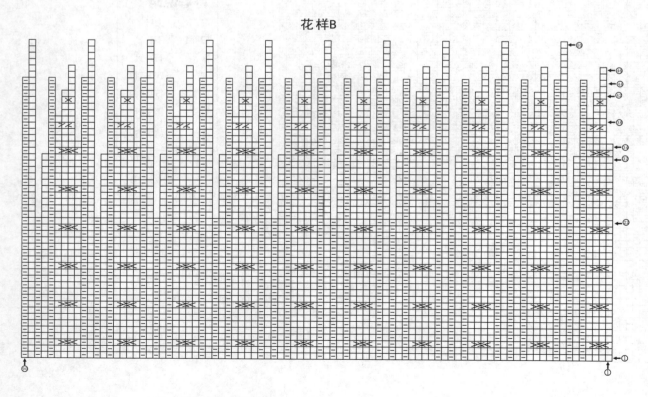

温暖扭花帽

【成品规格】帽围40cm，帽高27cm
【工　　具】9号棒针
【编织密度】30针×33行=10cm²
【材　　料】枣红色羊毛线150g

帽子制作说明

1. 棒针编织法。由帽沿起织，至帽顶收针。
2. 先编织帽沿，双罗纹起针法，起120针，首尾连接，环织，起织花样A双罗纹针，不加减针织成26行的高度后，在第26行里，将2针上针并为1针，减少29针，针数余下91针，改织花样B，不加减针织成50行后，开始减针，如图解进行减针。余下14针，收缩成1针收紧，断线。帽子完成。

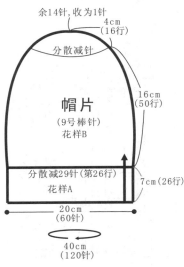

余14针，收为1针
4cm（16行）
分散减针
帽片
（9号棒针）
花样B
16cm（50行）
分散减29针（第26行）
花样A
7cm（26行）
20cm（60针）
40cm（120针）

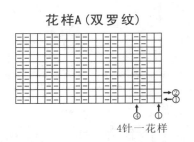

花样A（双罗纹）

4针一花样

花样B

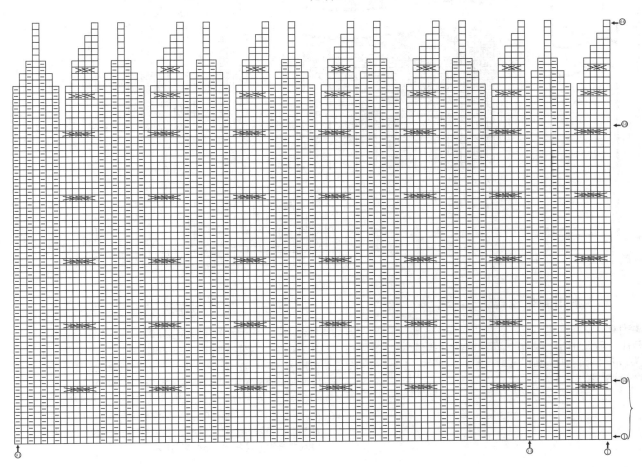

清雅两件套

【成品规格】围巾宽17cm，全长192cm，帽围48cm，帽高26cm
【工　　具】9号棒针
【编织密度】17针×15行＝10cm²
【材　　料】米白色纯棉线350g

符号说明：
- □　上针
- □=□　下针
- 2-1-3　行-针-次
- ↑　编织方向
- 回　镂空针
- 囚　左上3针并1针

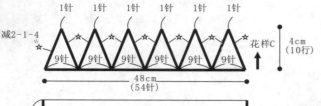

1针　1针　1针　1针　1针　1针
减2-1-4
9针　9针　9针　9针　9针　9针
48cm（54针）
花样C
4cm（10行）

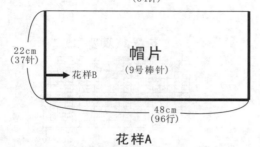

22cm（37针）
帽片（9号棒针）
花样B
48cm（96行）

花样B

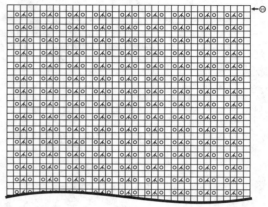

花样A

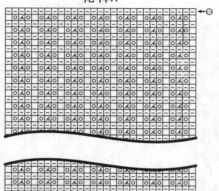

17cm（29针）

围巾（9号棒针）花样A

192cm（272行）

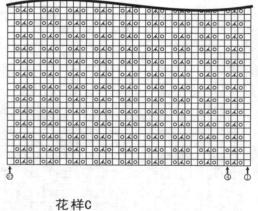

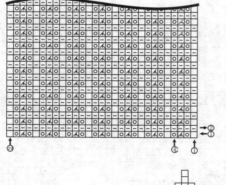

花样C（帽顶图解）

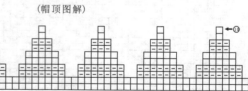

围巾制作说明

1. 棒针编织法。
2. 起针，下针起针法，起29针，来回编织。起织花样A，不加减针织272行的高度，约192cm的长度后收针断线。

帽片制作说明

1. 棒针编织法。分帽体和帽顶两部分编织。
2. 帽体的编织，平展开来就是一块长方形织片，再将首尾两行缝合形成管状，下针起针法，起37针，起织花样B镂空花样，不加减针编织90行的高度后，收针断线，将首尾两行缝合。
3. 帽顶的编织，在帽体一侧开口边，挑针起织，挑出54针，起织下针，织2行后，如花样C，分成6等份进行减针，每等份9针，在两端每织2行减1针，减4次，至每等份余下1针，共余下6针，将这6针收为1针，将尾线藏于帽内。

124

黑色大气围巾

【成品规格】围巾宽21cm，全长184cm(不含流苏长度)
【工　　具】8号棒针
【编织密度】12.8针×17行=10cm²
【材　　料】黑色腈纶线300g

花样A

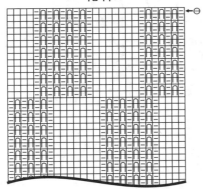

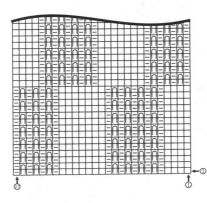

符号说明：

日	上针
□=Ⅱ	下针
2-1-3	行-针-次
↑	编织方向
🄐	延伸针

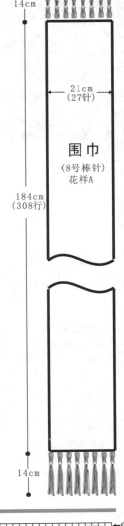

14cm

21cm
(27针)

围巾
(8号棒针)
花样A

184cm
(308行)

14cm

围巾制作说明

1. 棒针编织法。
2. 起针，下针起针法，起27针，来回编织。起织花样A花样，不加减针织308行的高度，约184cm的长度后收针断线。
3. 制作流苏，根据流苏制作方法，在围巾的两侧短边，各制作8段流苏系上。

20cm
(42针)

围巾
(8号棒针)
花样A

172cm
(326行)

灰色典雅小帽

【成品规格】围巾宽20cm，
　　　　　　全长172cm
【工　　具】8号棒针
【编织密度】21针×19行=10cm²
【材　　料】红白花色围巾线300g

围巾制作说明

1. 棒针编织法。织法简单。
2. 起针，双罗纹起针法，起42针，来回编织。起织花样A双罗纹花样，不加减针织326行的高度，约172cm的长度后收针断线。

符号说明：

日	上针
□=Ⅱ	下针
2-1-3	行-针-次
↑	编织方向

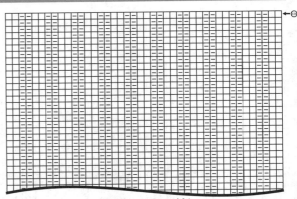

花样A（双罗纹）

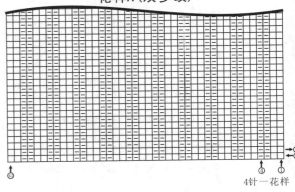

4针一花样

125

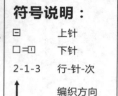

娴雅配色围巾

【成品规格】帽围46cm，帽高28cm
【工　　具】9号棒针
【编织密度】17针×23行=10cm²
【材　　料】淡蓝色羊毛线150g

符号说明：

□	上针
□=⊥	下针
2-1-3	行-针-次
↑	编织方向
▨	左上3针与右下3针交叉

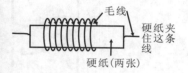

毛线
硬纸夹住这条线
硬纸（两张）

毛线球制作方法：
1. 用毛线球制作器制作。
2. 无制作器者，可利用身边废弃的硬纸制作。剪两块长约10cm，宽3cm的硬纸，剪一段长于硬纸的毛线，用于系毛线球，将剪好的两块硬纸夹住这段毛线（见下图）。下面制作毛线球球体，将毛线缠绕两块硬纸，绕得越密，毛线球越密实，缠绕足够圈数后，将夹住的毛线，从硬纸板夹缝将缠绕的毛线系结，拉紧，用剪刀穿过另一端夹缝，将毛线剪断，最后将散开的毛线剪圆即成。

减2-1-12

1针　1针　1针　1针　1针　1针

34行

帽片
（9号棒针）

58行　　28cm（64行）

3cm（6行）　　花样A　　花样B

46cm（78针）

花样A（单罗纹）

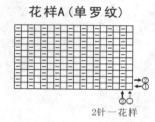

②
①
2针一花样

帽子制作说明

1. 棒针编织法。由帽沿起织，至帽顶收针。
2. 先编织帽沿，单罗纹起针法，起786针，首尾连接，环织，起织花样A，不加减针织成6行的高度后。下一行改织花样B，不加减针织成34行后，开始依照图解减针，分6等份进行减针，每织2行减1针，减12次。帽顶余下6针，收缩成1针收紧，断线。根据毛线球制作方法制作一个毛线球，系于帽顶。帽子完成。

花样B

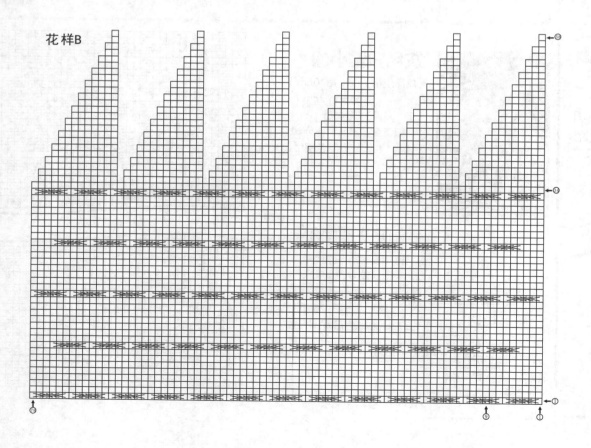

俏丽女孩围巾

【成品规格】围巾宽20cm，全长180cm(不含流苏长度)
【工　　具】6号棒针
【编织密度】7.7针×12行＝10cm²
【材　　料】粉红色纯棉线400g

围巾制作说明

1. 棒针编织法。
2. 起针，下针起针法，起27针，来回编织。起织花样A，不加减针织240行的高度，约200cm的长度后收针断线。将两端用线收紧。
3. 制作毛线球，根据毛线球的制作方法，制作四个毛线球，在两端各系紧两个毛线球。

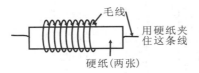

用硬纸夹住这条线
毛线
硬纸(两张)

毛线球制作方法：
1. 用毛线球制作器制作。
2. 无制作器者，可利用身边废弃的硬纸制作。剪两块长约10cm，宽3cm的硬纸，剪一段长于硬纸的毛线，用于系毛线球，将剪好的两块硬纸夹住这段毛线（见下图）。下面制作毛线球球体，将毛线缠绕两块硬纸，绕得越密，毛线球越密实，缠绕足够圈数后，将夹住的毛线，从硬纸板夹缝将缠绕的毛线系结，拉紧，用剪刀穿过另一端夹缝，将毛线剪断，最后将散开的毛线剪圆即成。

符号说明：

□	上针
□|□	下针
2-1-3	行-针-次
↑	编织方向
A	2行的下针延伸针

花样A

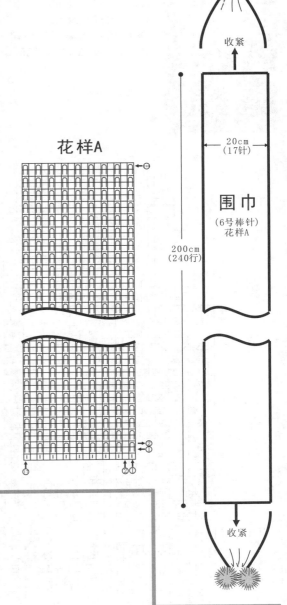

围巾
(6号棒针)
花样A

20cm
(17针)

200cm
(240行)

收紧

收紧

清雅白色小帽

【成品规格】帽围52cm，帽高22cm
【工　　具】9号棒针
【编织密度】17针×31行＝10cm²
【材　　料】白色羊毛线150g

符号说明：

□	上针
□|□	下针
2-1-3	行-针-次
↑	编织方向
⊠	左并针
⊠	右并针
⊡	镂空针
⊠	2行浮针

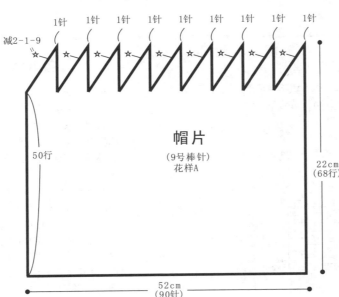

减2-1-9

1针 1针 1针 1针 1针 1针 1针 1针 1针

帽片
(9号棒针)
花样A

50行

22cm
(68行)

52cm
(90针)

帽子制作说明

1. 棒针编织法。由帽沿起织，至帽顶收针。
2. 先编织帽沿，下针起针法，起90针，首尾连接，环织，起织花样A，不加减针织成50行的高度后，将90针分成9等份进行减针，每等份10针，在左侧进行减针，每织2行减1针，减9次，织成18行，最后余下9针，收紧为1针，将尾线藏于帽内。

文静女孩帽

【成品规格】帽围48cm，帽高20cm
【工　具】9号棒针
【编织密度】18针×35行＝10cm²
【材　料】白色羊毛线150g

帽子制作说明

1. 棒针编织法。由帽沿起织，至帽顶收针。
2. 先编织帽沿，下针起针法，起90针，首尾连接，环织，起织花样A，不加减针织成52行的高度后，将90针分成9等份进行减针，每等份10针，在左侧进行减针，每织2行减1针，减9次，织成18行，最后余下9针，收紧为1针，将尾线藏于帽内。

符号说明：

□	上针
□=❘□	下针
2-1-3	行-针-次
↑	编织方向
⊠	左并针
⊠	右并针
⊙	镂空针
⋎	2行浮针

花样A

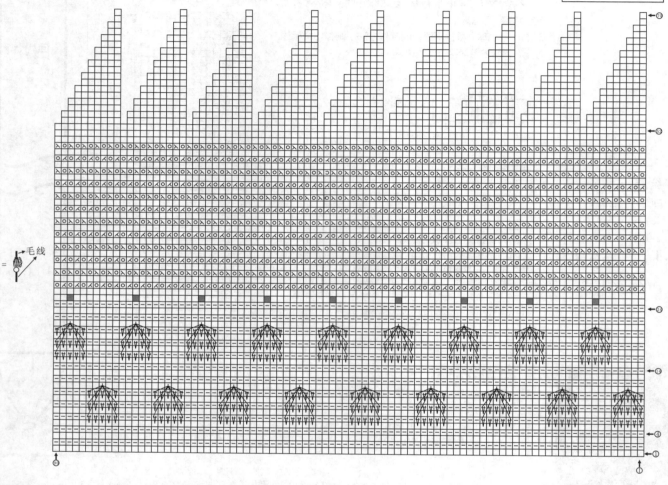

毛线

秀美两件套

【成品规格】围巾长196cm(不含流苏)，流苏长19cm，
　　　　　　帽围46cm，帽高27.5cm
【工　具】9号棒针
【编织密度】15针×15行＝10cm²
【材　料】粉红色开司米线400g

花样B（双罗纹）

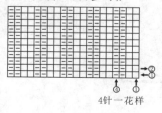

4针一花样

围巾/帽子制作说明

1. 棒针编织法。
2. 下针起针法，起29针，来回编织，起织花样A中的搓板针，依照花样A编织花样，不加减针织292行的高度后，收针断线，约196cm长度。
3. 根据流苏制作方法，两端各制作出8段流苏系上。长度约12cm。
4. 帽子的编织，从帽沿起织，起120针，首尾连接，环织，起织花样B双罗纹针，不加减针织30行的高度后，改织花样C中的花样，不加减针织46行的高度后，开始减针，将120针分成10等份进行减针，每等份12针，在右侧进行减针，每织2行减1针，减11次，最后每等份余下1针，共10针，收紧为1针，打结，将尾线藏于帽内。

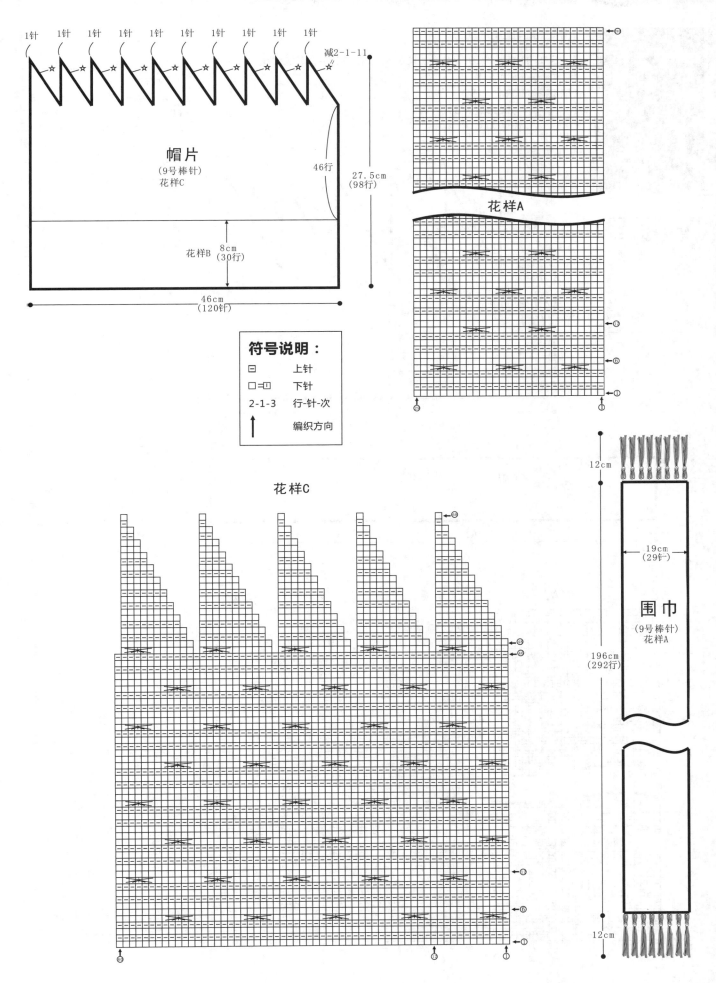

1针 1针 1针 1针 1针 1针 1针 1针 1针 1针

减2-1-11

帽片
(9号棒针)
花样C

46行

27.5cm
(98行)

花样B

8cm
(30行)

46cm
(120针)

花样A

符号说明：
□   上针
□=① 下针
2-1-3 行-针-次
↑   编织方向

花样C

12cm

19cm
(29针一)

围巾
(9号棒针)
花样A

196cm
(292行)

12cm

129

成熟两件套

【成品规格】围巾宽19cm，全长166cm，帽围52cm，帽高27cm
【工　　具】9号棒针
【编织密度】13针×15行=10cm²
【材　　料】红色腈纶线350g

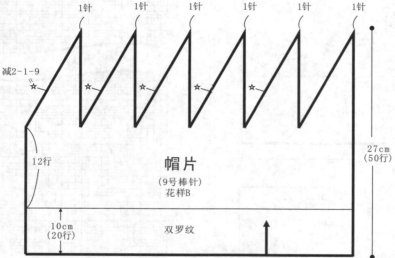

减2-1-9

1针　1针　1针　1针　1针　1针

12行

10cm
(20行)

27cm
(50行)

帽片
（9号棒针）
花样B

双罗纹

52cm
(60针)

帽片制作说明

1. 棒针编织法。从帽沿起织，至帽顶收针。
2. 帽沿起织，双罗纹起针法，起60针，首尾连接，环织。起织花样B中的双罗纹针，不加减针织20行的高度后，改织双罗纹交替花样，依照花样B编织，织12行后，将60针分成6等份进行减针编织，每等份在一侧进行减针，每织2行减1针，减9次，最后每等份各余下1针，共6针，将这6针收为1针，将尾线藏于帽内。

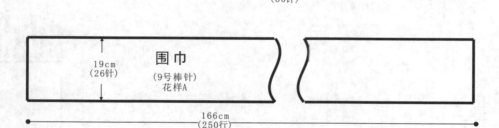

19cm
(26针)

围巾
（9号棒针）
花样A

166cm
(250行)

围巾制作说明

1. 棒针编织法。
2. 起针，下针起针法，起26针，来回编织。起织花样A，不加减针织250行的高度，约166cm的长度后收针断线。

花样A　　　　　　　　　　花样B

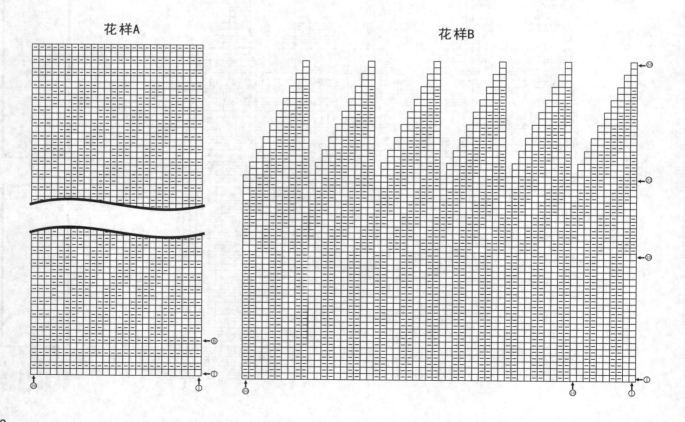

清爽配色围巾

【成品规格】围巾宽20cm，全长160cm(不含流苏长度)

【工　　具】6号棒针

【编织密度】11.5针×12行=10cm²

【材　　料】粉红色纯棉线400g

围巾制作说明

1. 棒针编织法。

2. 起针，下针起针法，起23针，来回编织。起织花样A，不加减针织192行的高度，约160cm的长度后收针断线。

3. 制作流苏，根据流苏制作方法，在围巾的两侧短边，各制作8段流苏系上。

花样A

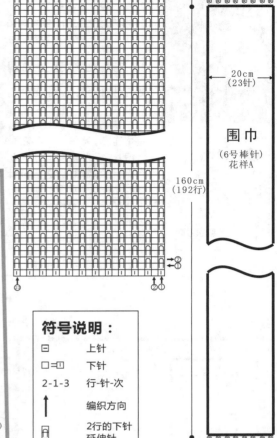

围巾
(6号棒针)
花样A

20cm

20cm
(23针)

160cm
(192行)

20cm

符号说明：

⊟	上针
□=□	下针
2-1-3	行-针-次
↑	编织方向
⊡	2行的下针延伸针

秀气女生帽

【成品规格】帽围44cm，帽高23cm

【工　　具】9号棒针

【编织密度】16针×34行=10cm²

【材　　料】白色羊毛线150g

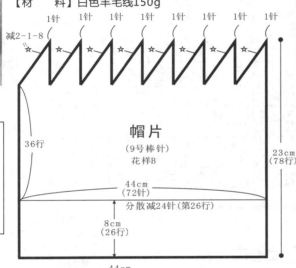

减2-1-8

1针 1针 1针 1针 1针 1针 1针 1针

36行

帽片
(9号棒针)
花样B

23cm
(78行)

44cm
(72针)

分散减24针(第26行)

8cm
(26行)

44cm
(96针)

符号说明：

⊟	上针
□=□	下针
2-1-3	行-针-次
↑	编织方向

帽子制作说明

1. 棒针编织法。由帽沿起织，至帽顶收针。

2. 先编织帽沿，双罗纹起针法，起96针，首尾连接，环织，起织花样A，不加减针织成26行的高度后，在第26行里，将2针上针并为1针，余下72针继续编织。下一行改织花样B，不加减针织成36行后，开始依照图解减针，分8等份进行减针，每织2行减1针，减8次。帽顶会下8针，收缩成1针收紧，断线。帽子完成。

花样B

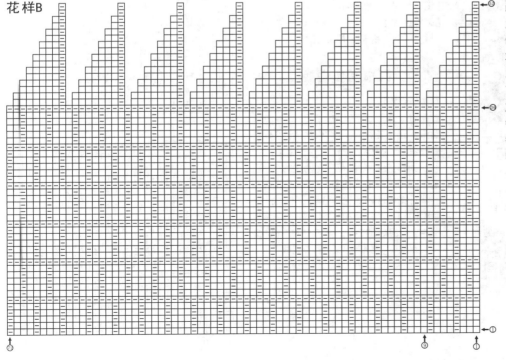

花样A（双罗纹）

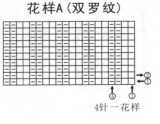

4针一花样

红色可爱小帽

【成品规格】帽围46cm，帽高17cm
【工　　具】9号棒针
【编织密度】13针×20行=10cm²
【材　　料】红色腈纶线120g

帽片制作说明

1. 棒针编织法。从帽沿起织，至帽顶收针。
2. 从帽沿起织，下针起针法，起60针，首尾连接，环织。起织花样A，不加减针织166行的帽沿高度后，开始减针，将60针分成6等份进行减针，每等份10针，在每侧每织2行减1针，减9次，织成18行，每等份余下1针，帽子织片余下6针，将6针收紧为1针，尾线藏于帽内。帽子完成。

符号说明：

⊟	上针
□=⊡	下针
2-1-3	行-针-次
↑	编织方向

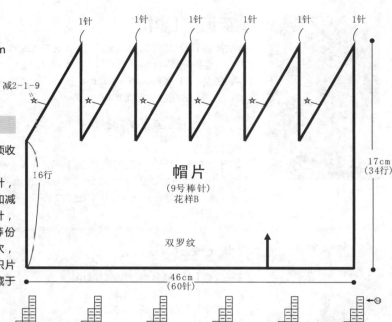

减2-1-9

1针　1针　1针　1针　1针　1针

16行

帽片
（9号棒针）
花样B

双罗纹

17cm
（34行）

46cm
（60针）

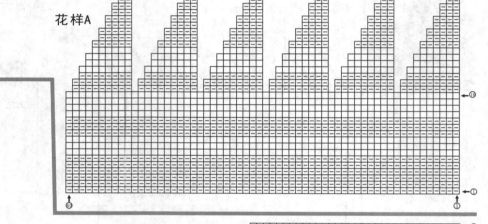

花样A

温暖大围巾

【成品规格】围巾宽24cm，全长214cm
【工　　具】8号棒针
【编织密度】13针×24行=10cm²
【材　　料】深褐色腈纶线250g

围巾制作说明

1. 棒针编织法。
2. 起针，双罗纹起针法，起32针，来回编织。起织花样A中的单罗纹针，不加减针织6行的高度。
3. 从第7行起，分配花样，两边的4针各编织搓板针，中间的24针编织花样A中的滑针花样，照此花样分配，不加减针编织约214cm的围巾长度，总行数达到514行，最后的6行，全织花样单罗纹针，完成后，收针断线，围巾完成。

6行

围巾
（8号棒针）
花样A

214cm
（514行）

4针搓板针

4针搓板针

24针

6行

24cm
（32针）

符号说明：

⊟	上针
□=⊡	下针
2-1-3	行-针-次
↑	编织方向
回	2行的下针延伸针

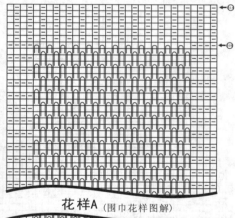

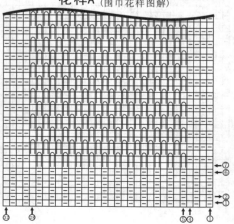

花样A（围巾花样图解）

灰色简约包头帽

【成品规格】帽围46cm，帽高28cm
【工　　具】9号棒针
【编织密度】24针×30行=10cm²
【材　　料】浅紫色短毛羊毛线150g

帽子制作说明

1. 棒针编织法。由帽顶、帽体、帽沿组成。
2. 先编织帽体。起54针，起织花样B，不加减针编织144行的高度后，收针断线，将首尾两行拼接缝合。
3. 沿着一侧边，挑出72针，起织搓板针，将72针分成12等份，每等份6针，在右侧进行减针，每织2行减1针，减6次，织成12行，每等份余1针，一圈共12针，收为1针，将尾线藏于帽内。
4. 帽沿的编织。沿着帽沿挑针起织花样A双罗纹针，不加减针织20行的高度后，收针断线。帽子完成。

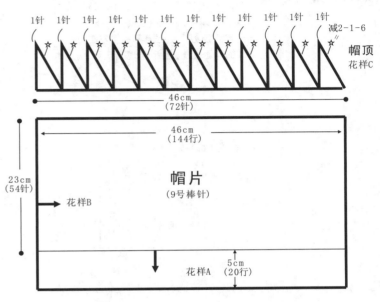

花样A（双罗纹）

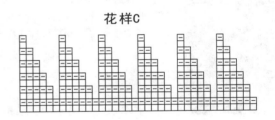

4针一花样

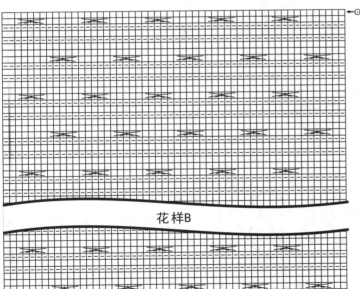

花样B

花样C

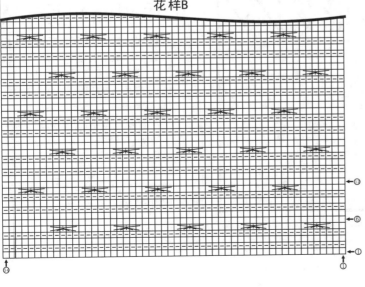

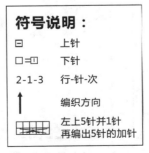

符号说明：

□ 上针
□=□ 下针
2-1-3 行-针-次
↑ 编织方向
左上5针并1针再编出5针的加针

水纹小圆帽

【成品规格】围巾宽20cm，全长180cm(不含流苏长度)
【工　　具】6号棒针
【编织密度】13.5针×16行=10cm²
【材　　料】浅紫色植物绒线300g

围巾制作说明

1. 棒针编织法。
2. 起针，下针起针法，起27针，来回编织。起织花样A，不加减针织288行的高度，约180cm的长度后收针断线。
3. 制作流苏，根据流苏制作方法，在围巾的两侧短边，各制作8段流苏系上。

符号说明：

⊟	上针
□=回	下针
2-1-3	行-针-次
↑	编织方向

6行的上针延伸针

6行的下针延伸针

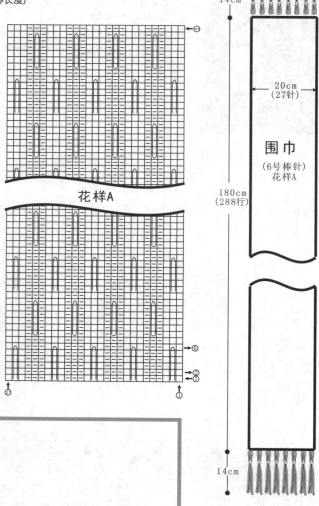

花样A

围巾
(6号棒针)
花样A

14cm

20cm
(27针)

180cm
(288行)

14cm

淡雅紫色围巾

【成品规格】帽围40cm，帽高28cm
【工　　具】9号棒针
【编织密度】19针×28行=10cm²
【材　　料】淡黄色腈纶线120g，扣子7颗

符号说明：

⊟	上针
□=回	下针
2-1-3	行-针-次
↑	编织方向
囲	2行延伸针
⊠	左并针
⊠	右并针
▣	镂空针

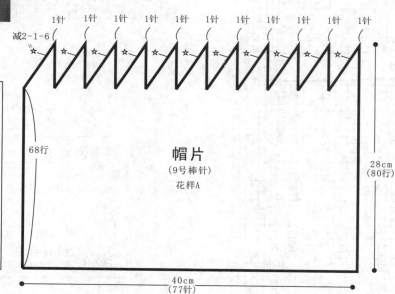

1针 1针 1针 1针 1针 1针 1针 1针 1针 1针 1针

减2-1-6

68行

帽片
(9号棒针)
花样A

28cm
(80行)

40cm
(77针)

帽片制作说明

1. 棒针编织法。从帽沿起织，至帽顶收针。
2. 帽体织法简单，下针起针法，起77针，起织下针，不加减针织12行，再改织单罗纹针，不加减针织6行，然后织方块镂空花样，依照花样A图解编织，织成68行的高度后，将77针分成11等份进行减针，每等份每织2行减1针，减6次，各余下1针，将11针收紧为1针，尾线藏于帽内。
3. 在方块镂空花样中间，各钉上一颗扣子装饰。

花样A

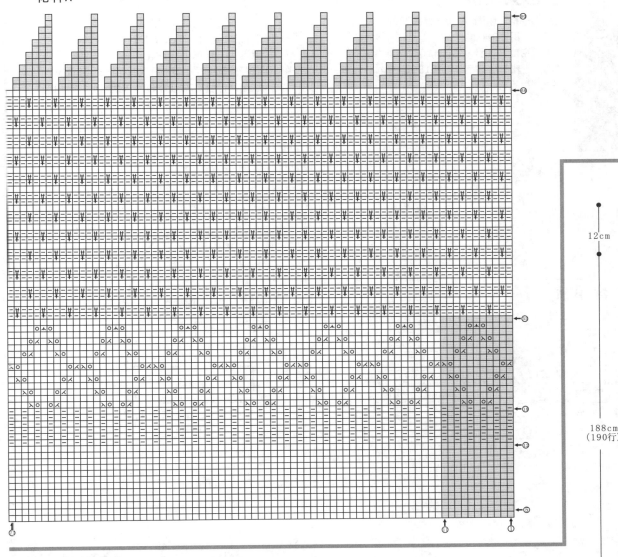

大方蓝色围巾

【成品规格】围巾长188cm(不含流苏)，宽13cm
【工　　具】9号棒针
【编织密度】10针×10行=10cm²
【材　　料】蓝色围巾线300g

围巾制作说明

1. 棒针编织法。本围巾花样为渔网针花样。本围巾为双层花样，先进行片织，再将两侧边进行缝合。
2. 下针起针法，起28针，来回编织，渔网针的织法是针法始终是织下针，只是插针和出针的位置不同而已，领略了插针与出针的位置，也就可能明白渔网针的织法了。先织一行下针，返回时，在棒针上显示的是上针花样，先织第1针，在织第2针时，先从前一行的上针线圈内插入，即挑出前一行的上针的线圈插入，此时第2行的线圈在棒针下，将毛线绕针一圈，然后将线从第2行的第2针的线圈内拉出，此时右棒针上，除了第1针，在第2针上是两个线圈一起的，但在织第3行时，注意这两个线圈是作为1针编织的。明白了插针与出针的方法，此后，织第3行时，织下针，在第4针，重复前面的插针与出针的织法，织完一行后，返回编织，全织下针，注意将2个线圈一起的位置，作1针织下针。此后从第4行起，重复第2行与第3行的织法。直至织成190行，约188cm长度的围巾。将两长边对应缝合。
3 根据流苏制作方法，两端各制作出8段流苏系上。长度约12cm。

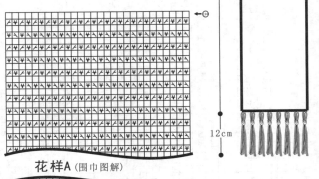

花样A (围巾图解)

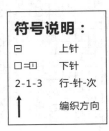

符号说明：

□	上针
□=[I]	下针
2-1-3	行-针-次
↑	编织方向

沉静尖顶帽

【成品规格】帽围50cm，帽高23cm
【工　　具】9号棒针
【编织密度】20针×35行=10cm²
【材　　料】枣红色羊毛线150g

帽子制作说明

1. 棒针编织法。由帽沿起织，至帽顶收针。
2. 先编织帽沿，双罗纹起针法，起100针，首尾连接，环织，起织花样A，不加减针织成22行的高度后，下一行改织花样B，不加减针织成25行后，开始依照图解减针，分10等份进行减针，余下10针，收缩成1针收紧，断线。帽子完成。

符号说明：

□	上针
□=回	下针
2-1-3	行-针-次
↑	编织方向
(格子图)	铜钱花针法

花样A

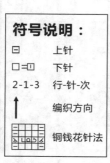

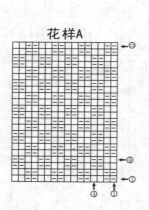

余10针,收为1针

帽片
(9号棒针)
花样B

23cm

17cm
(60行)

花样A

5cm(22行)

25cm
(50针)

50cm
(100针)

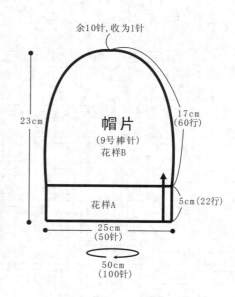

花样B

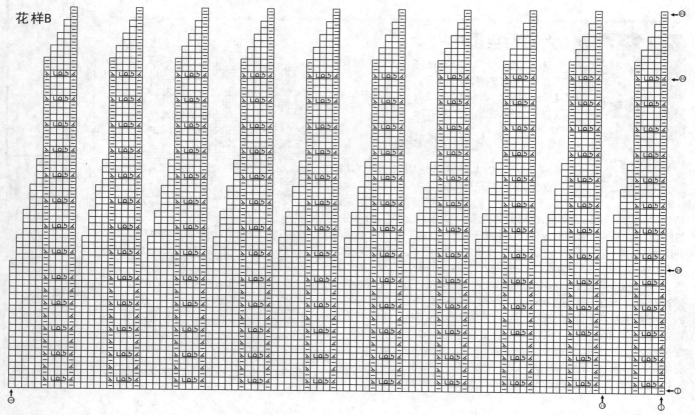

白色雅致圆帽

【成品规格】帽围46cm，帽高27cm
【工　　具】9号棒针
【编织密度】21针×32行=10cm²
【材　　料】白色羊毛线150g

1. 棒针编织法。由帽沿起织，至帽顶收针。
2. 先编织帽沿，下针起针法，起96针，首尾连接，环织，起织花样A，不加减针织成40行的高度后，改织花样B，不加减针织36行后，依照花样B的图解进行花样减针，织至54行时，针数余下60针，将60针分成6等份进行减针，每等份10针，在左侧进行减针，每织2行减1针，减9次，织成18行，最后余下6针，收紧为1针，将尾线藏于帽内。

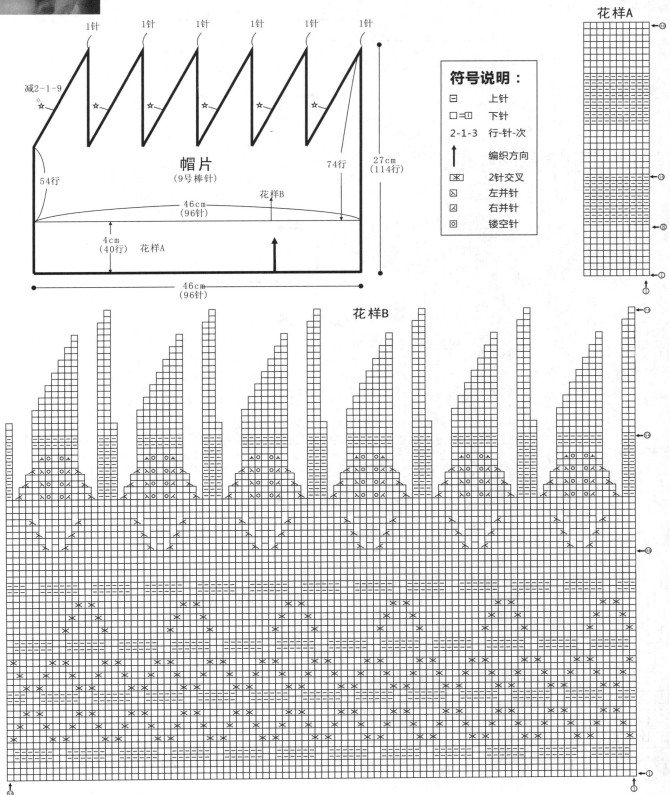

符号说明：

□	上针
□=□	下针
2-1-3	行-针-次
↑	编织方向
区	2针交叉
⊠	左并针
⊡	右并针
◎	镂空针

帽片
（9号棒针）

花样A

花样B

艳丽两件套

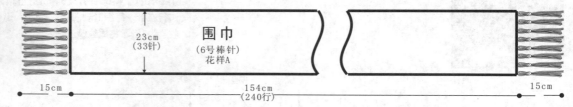

【成品规格】围巾宽23cm，全长154cm（不含流苏长度），帽围50cm，帽高24cm
【工　具】9号棒针
【编织密度】14针×16行=10cm²
【材　料】褐色花线350g

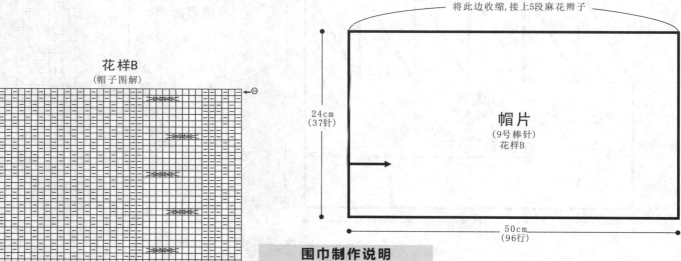

23cm
(33针)

围巾
(6号棒针)
花样A

15cm

154cm
(240行)

15cm

花样B
(帽子图解)

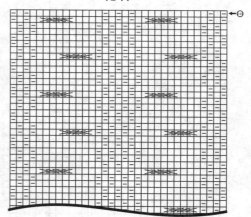

将此边收缩,接上5段麻花辫子

24cm
(37针)

帽片
(9号棒针)
花样B

50cm
(96行)

围巾制作说明

1. 棒针编织法。
2. 起针，下针起针法，起33针，来回编织。起织花样A，不加减针织240行的高度，约154cm的长度后收针断线。
3. 根据流苏制作方法，在围巾的两短边，各制作8段流苏系上。长度约15cm。

帽片制作说明

1. 棒针编织法。帽子平展开来就是一长方形织片。
2. 从帽子的一侧起织，起37针，起织花样B，不加减针织96行的高度后，收针断线，将首尾两行缝合，再将开口的一端用线收缩，单独用线制作5段麻花辫子，与收缩的帽顶缝合。

花样A

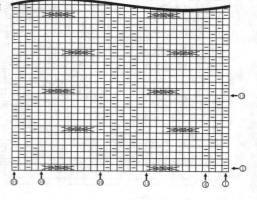

符号说明：

□　　上针
□=□　下针
2-1-3　行-针-次
↑　　编织方向
▨　　左上3针与右下3针交叉

138

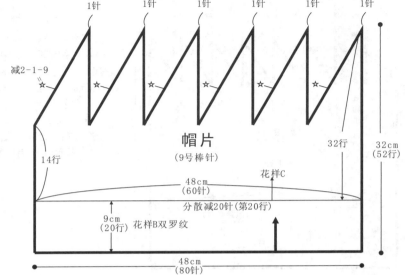

淡雅两件套

【成品规格】帽围40cm，帽高28cm，围巾长220cm，宽13cm
【工　　具】9号棒针
【编织密度】12.5针×16行=10cm²
【材　　料】灰黄花色腈纶线300g

1针　1针　1针　1针　1针　1针

减2-1-9

☆　☆　☆　☆　☆

32行

帽片
(9号棒针)

14行

花样C

48cm
(60针)

分散减20针(第20行)

9cm
(20行) 花样B双罗纹

32cm
(52行)

48cm
(80针)

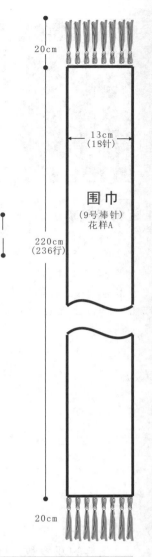

20cm

13cm
(18针)

围巾
(9号棒针)
花样A

220cm
(236行)

20cm

帽片制作说明

1. 棒针编织法。从帽沿起织，至帽顶收针。
2. 帽沿起织，双罗纹起针法，起80针，起织花样B双罗纹，不加减针织20行，在第20行里，将2针上针并为1针，针数余下60针继续编织。改织花样C镂空花样，不加减针织14行的高度后，将60针分成6等份进行减针，每等份每织2行减1针，减9次，各余下1针，将6针收紧为1针，尾线藏于帽内。

围巾制作说明

1. 棒针编织法。
2. 下针起针法，起18针，起织花样A中的镂空花样，不加减针织20行后，改织搓板针花样，共18行。此后重复编织镂空花样7次、搓板针花样共6次，两者相隔。
3. 根据流苏制作方法，两端各制作出8段流苏系上。长度约20cm。

花样A
(围巾图解)

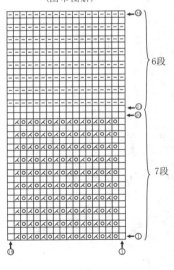

6段

7段

花样B(双罗纹)

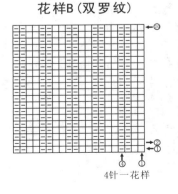

4针一花样

花样C

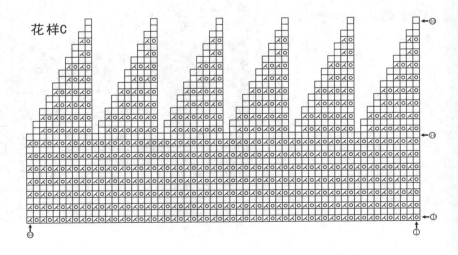

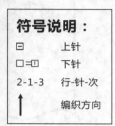

可爱条纹帽

【成品规格】帽围44cm，帽高31cm
【工　　具】9号棒针
【编织密度】16针×25行＝10cm²
【材　　料】橘黄色线100g，白色羊毛线50g

符号说明：

⊟	上针
□＝Ⅱ	下针
2-1-3	行-针-次
↑	编织方向

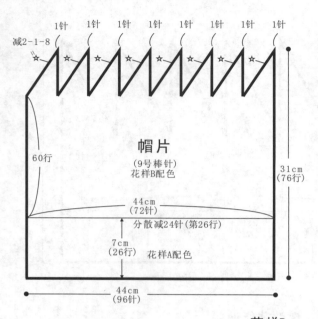

减2-1-8

1针 1针 1针 1针 1针 1针 1针 1针

60行

帽片
（9号棒针）
花样B配色

31cm
（76行）

44cm
（72针）

分散减24针（第26行）

7cm
（26行）

花样A配色

44cm
（96针）

帽子制作说明

1. 棒针编织法。由帽沿起织，至帽顶收针。
2. 先编织帽沿，双罗纹起针法，起96针，首尾连接，环织，起织花样A配色双罗纹，不加减针织成26行的高度后，在第26行里，将2针上针并为1针，余下72针继续编织。下一行改织花样B配色，花样全为上针。不加减针织成60行后，开始依照图解减针，分8等份进行减针，每织2行减1针，减8次。帽顶余下8针，收缩成1针收紧，断线。帽子完成。

花样A（双罗纹）

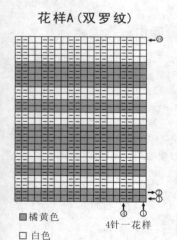

■ 橘黄色
□ 白色

4针一花样

花样B

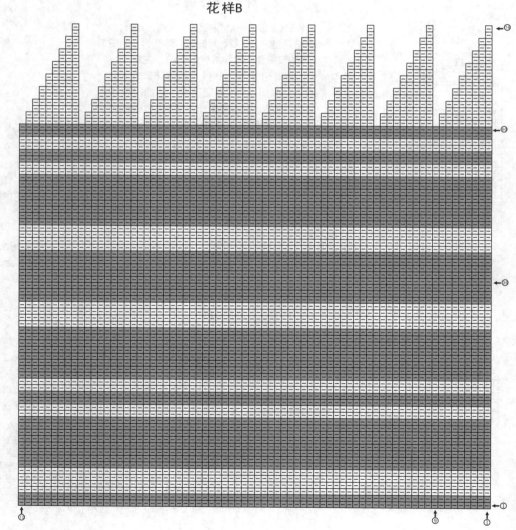

140

柔美大围巾

【成品规格】围巾宽20cm，全长192cm(不含流苏长度)
【工　　具】6号棒针
【编织密度】11针×8.3行=10cm²
【材　　料】浅粉色植物绒线300g

围巾制作说明

1. 棒针编织法。

2. 起针，下针起针法，起22针，来回编织。起织花样A棒绞花样，不加减针织160行的高度，约192cm的长度后收针断线。

3. 制作流苏，根据流苏制作方法，在围巾的两侧短边，各制作8段流苏系上。

符号说明：

⊟	上针
□=⊡	下针
2-1-3	行-针-次
↑	编织方向
⧓⧓⧓	左上2针与右下2针交叉

花样A

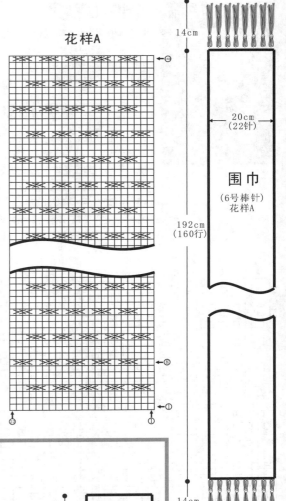

幽蓝珍珠围巾

【成品规格】围巾宽18cm，全长152cm
【工　　具】6号棒针
【编织密度】7.7针×5行=10cm²
【材　　料】蓝绿色珍珠围巾线250g

围巾制作说明

1. 棒针编织法。

2. 起针，下针起针法，起14针，来回编织。起织花样A意大利罗纹针，不加减针织80行的高度，约154cm的长度后收针断线。

符号说明：

⊟	上针
□=⊡	下针
2-1-3	行-针-次
↑	编织方向
延	延伸针

花样A

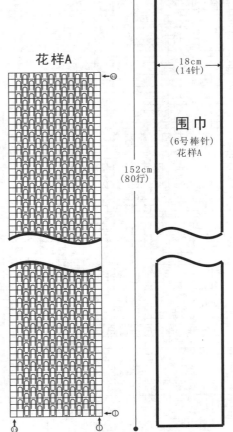

个性几何帽

【成品规格】 帽围48cm，帽高28.5cm
【工　　具】 9号棒针
【编织密度】 23针×43行=10cm²
【材　　料】 白色腈纶线150g

帽片制作说明

1. 棒针编织法。从帽沿起织，至帽顶收针。
2. 帽沿起织，下针起针法，起112针，首尾连接，环织。起织花样A，不加减针织22行的帽沿高度后，改织镂空方块花样，依照花样A编织，织80行后，开始分散减针，依照花样A中的减针图解，减12行后，织片余下7针，收为1针，将尾线藏于帽内。

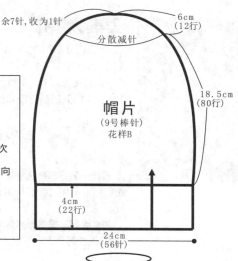

余7针，收为1针
6cm（12行）
分散减针
帽片
（9号棒针）
花样B
18.5cm（80行）
4cm（22行）
24cm（56针）
48cm（112针）

花样A

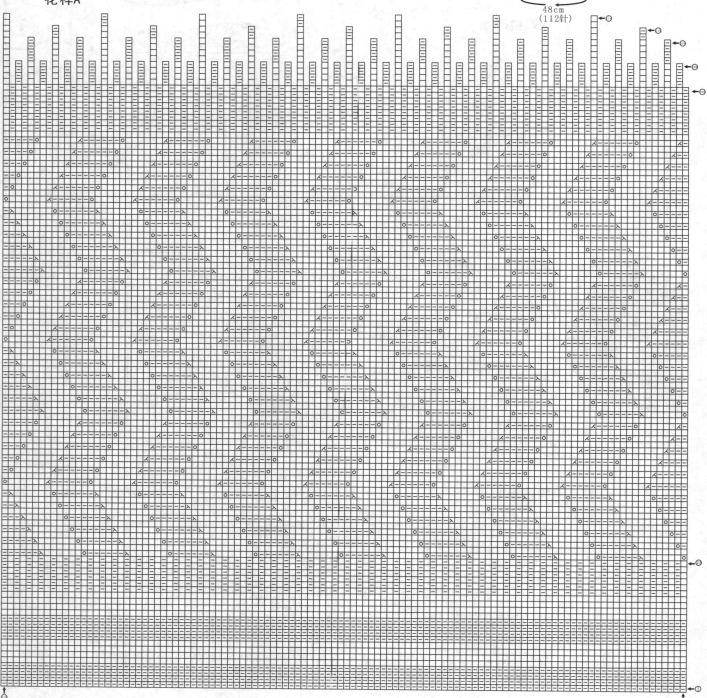

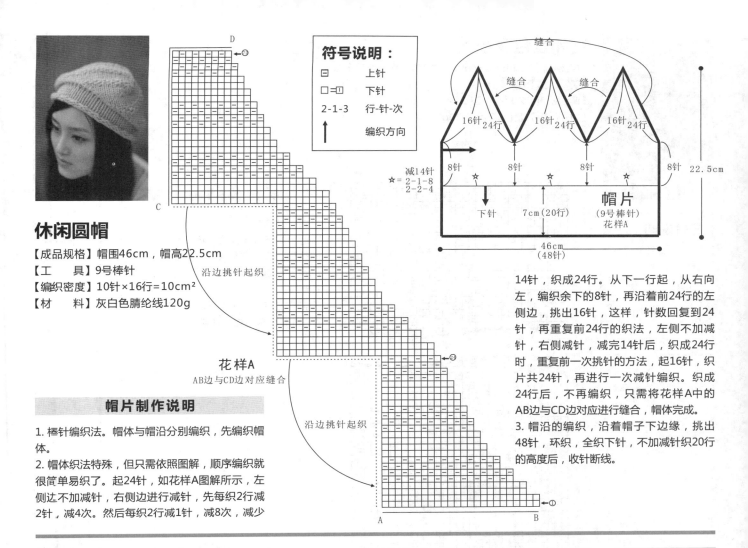

符号说明：

符号	说明
⊟	上针
□=⊡	下针
2-1-3	行-针-次
↑	编织方向

减14针
★ = 2-1-8
2-2-4

缝合

16针 24行   16针 24行   16针 24行

8针   8针   8针   8针

下针   7cm（20行）

22.5cm

帽片
（9号棒针）
花样A

46cm
（48针）

休闲圆帽

【成品规格】帽围46cm，帽高22.5cm

【工　　具】9号棒针

【编织密度】10针×16行=10cm²

【材　　料】灰白色腈纶线120g

沿边挑针起织

花样A
AB边与CD边对应缝合

沿边挑针起织

帽片制作说明

1. 棒针编织法。帽体与帽沿分别编织，先编织帽体。

2. 帽体织法特殊，但只需依照图解，顺序编织就很简单易织了。起24针，如花样A图解所示，左侧边不加减针，右侧边进行减针，先每织2行减2针，减4次。然后每织2行减1针，减8次，减少

14针，织成24行。从下一行起，从右向左，编织余下的8针，再沿着前24行的左侧边，挑出16针，这样，针数回复到24针，再重复前24行的织法，左侧不加减针，右侧减针，减完14针后，织成24行时，重复前一次挑针的方法，起16针，织片共24针，再进行一次减针编织。织成24行后，不再编织，只需将花样A中的AB边与CD边对应进行缝合，帽体完成。

3. 帽沿的编织，沿着帽子下边缘，挑出48针，环织，全织下针，不加减针织20行的高度后，收针断线。

简洁配色小帽

帽子制作说明

1. 棒针编织法。由帽沿起织，至帽顶收针。

2. 先编织帽沿，下针起针法，起72针，首尾连接，环织，起织花样A单桂花针，不加减针织成12行的高度后，改织花样B，不加减针织成20行后，开始减针，如图解每3针减掉1针。余下48针，再织20行后，收针断线，收缩成1针收紧，断线。帽子完成。

符号说明：

符号	说明
⊟	上针
□=⊡	下针
2-1-3	行-针-次
↑	编织方向
⊡	下针延伸针

【成品规格】帽围60cm，帽高21cm

【工　　具】7号棒针

【编织密度】12针×26行=10cm²

【材　　料】蓝色花色羊毛线150g

花样B

花样A
（单桂花针）

收紧为1针

15cm
（40行）

帽片
（7号棒针）
花样B

6cm
（12行）

花样A

60cm
（72针）

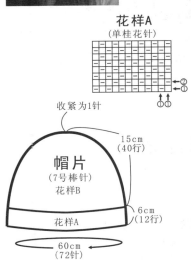

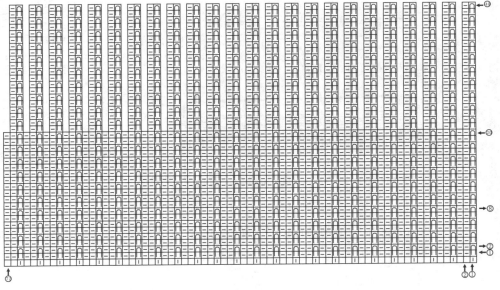

143

亮丽紫色围巾

【成品规格】围巾宽16cm，全长180cm(不含流苏长度)
【工　　具】8号棒针
【编织密度】20.6针×21.3行=10cm²
【材　　料】紫色腈纶线300g

符号说明：

☐　　上针
☐=☒　　下针
2-1-3　　行-针-次
↑　　编织方向
☒☒　　右上2针与
　　　左下1针交叉

花样A

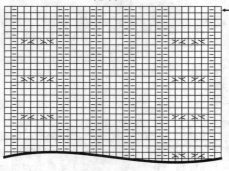

14cm

16cm
(33针)

围巾
(8号棒针)
花样A

180cm
(384行)

14cm

围巾制作说明

1. 棒针编织法。
2. 起针，下针起针法，起33针，来回编织。起织花样A，不加减针织384行的高度，约180cm的长度后收针断线。
3. 制作流苏，根据流苏制作方法，在围巾的两侧短边，各制作8段流苏系上。

流苏制作方法

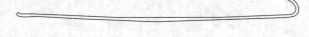

1. 准备一根线，用于打结。

3. 用准备好的线在线团中间打个结。

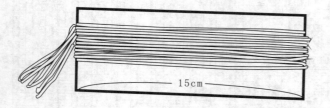

15cm

2. 用一张15cm宽的硬纸作绕线板，用线在纸板上绕数圈。

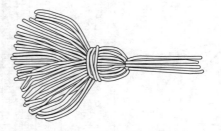

4. 将线团对折，再在中间用线绕数圈，打结固定。延伸的长线，用于在围巾的边缘打结固定。

144